哲人石
丛书

Philosopher's Stone Series

哲人石丛书

立足当代科学前沿
彰显当代科技名家
绍介当代科学思潮
激扬科技创新精神

策　划

潘　涛　卞毓麟

哲人石丛书

Philosopher's Stone Series

当代科普名著系列

上海出版资金项目
Shanghai Publishing Funds

创世138亿年

宇宙的年龄与万物之理

约翰·格里宾 著

林清 译

上海科技教育出版社

图书在版编目(CIP)数据

创世138亿年:宇宙的年龄与万物之理/(英)约翰·格里宾(John Gribbin)著;林清译. —上海:上海科技教育出版社,2017.12

(哲人石丛书.当代科普名著系列)

书名原文:13.8: The quest to find the true age of the universe and the theory of everything

ISBN 978-7-5428-6623-3

Ⅰ.①创… Ⅱ.①约… ②林… Ⅲ.①自然科学—普及读物 Ⅳ.①P15-49

中国版本图书馆CIP数据核字(2017)第247552号

威尔逊(左)和彭齐亚斯(右)1978年在克劳福德山天线前的合影,他们正是使用这一天线发现了宇宙微波背景辐射。

伽莫夫。

勒梅特。

莱维特和坎农(Annie Jump Canon)在哈佛天文台外的合影。

赫兹普隆。

佩恩-加波施金。

罗素。

卢瑟福,1926年。

爱丁顿。

霍伊尔。

邦迪。

1958年6月的索尔维会议。坐者从左至右：麦克雷，奥尔特，勒梅特，戈特(C. J. Gorter)，泡利(W. Pauli)，布拉格(W. L. Bragg)，奥本海默(J. R. Oppenheimer)，莫勒(C. Moller)，沙普利，黑克曼(O. Heckmann)；站者从左至右：克莱因(O. B. Klein)，摩根(W. W. Morgan)，霍伊尔(后)，库卡斯金(B. V. Kukaskin)，安巴佐米安(V. A. Ambarzumian)(前)，范德赫斯特(H. C. van de Hulst)(后)，菲尔兹(M. Fierz)，桑德奇(后)，巴德，沙茨曼(E. Schatzman)(前)，惠勒(J. A. Wheeler)(后)，邦迪，戈尔德，赞斯查(H. Zanstra)(后)，罗森菲尔德(L. Rosenfeld)，勒杜(P. Ledoux)(后)，洛维尔(A. C. B. Lovell)，热厄尼奥(J. Geheniau)。

德西特。

弗里德曼，在莫斯科附近。

爱因斯坦和洛伦兹(Hendrik Lorentz)，约1920年。

斯里弗。

赫马森,1923年。

建设中的威尔逊山天文台,1904年。

威尔逊山天文台的2.5米胡克望远镜。

哈勃(左)和金斯(右)在威尔逊山天文台2.5米望远镜前。

帕洛玛山天文台的5米海尔望远镜。

哈勃在5米望远镜的观测笼中，1950年。

桑德奇。

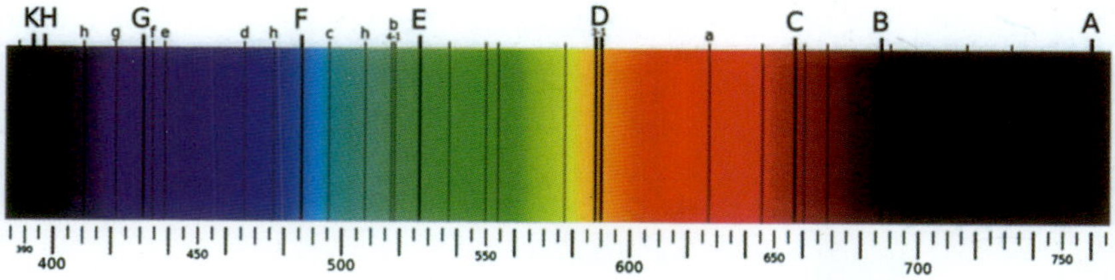

夫琅禾费谱线。

铜的火焰谱线。

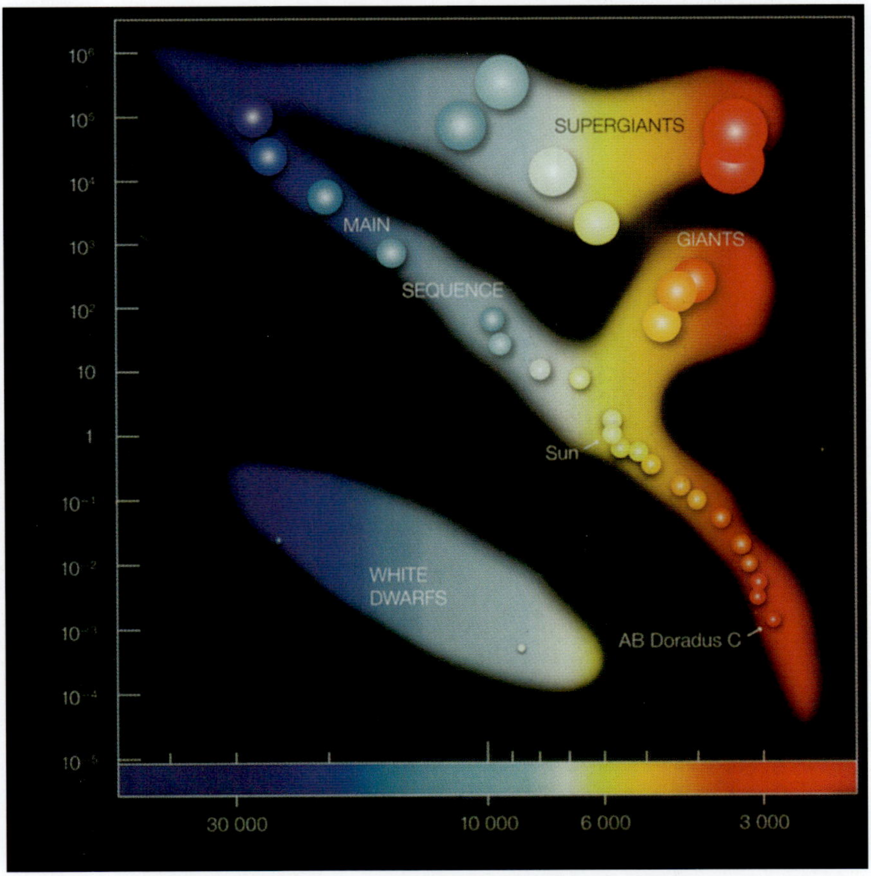

10⁶
10⁵
10⁴
10³
10²
10
1
10⁻¹
10⁻²
10⁻³
10⁻⁴
10⁻⁵
SUPERGIANTS
GIANTS
MAIN
SEQUENCE
Sun
WHITE
DWARFS
AB Doradus C
30 000
10 000
6 000
3 000

赫罗图。

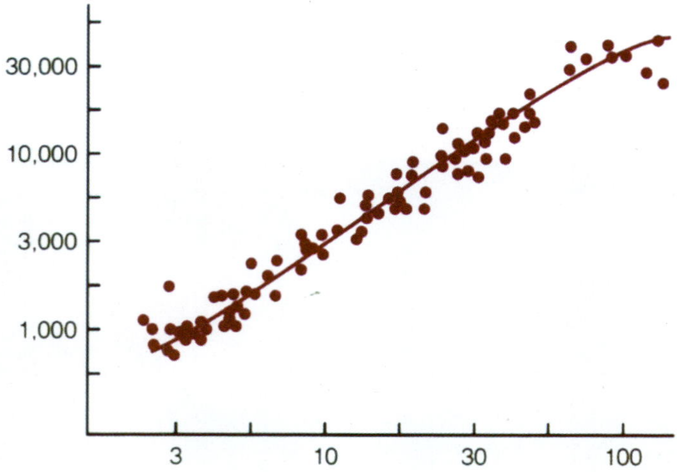

莱维特绘制的小麦哲伦云中造父变星的亮度与光变周期关系图。

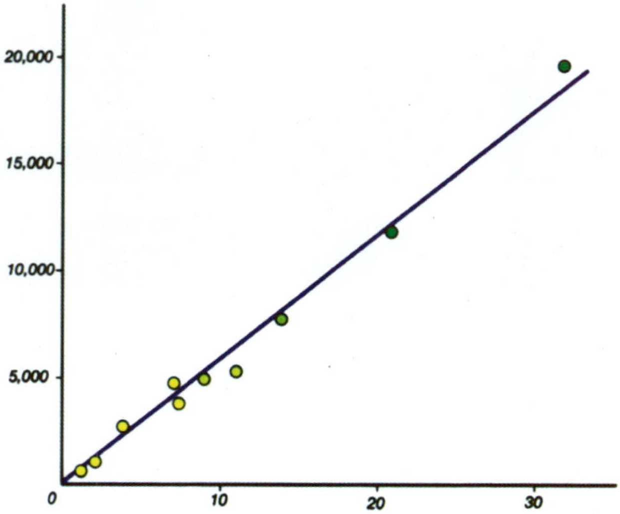

哈勃定律：星系的“速度”(v)正比于星系的距离(d)，二者之间的比例系数就是哈勃常数(H)。

猎户座星云的红外影像。

位于亚利桑那州安德森台地的洛厄尔天文台。

旋涡星系NGC 1232。

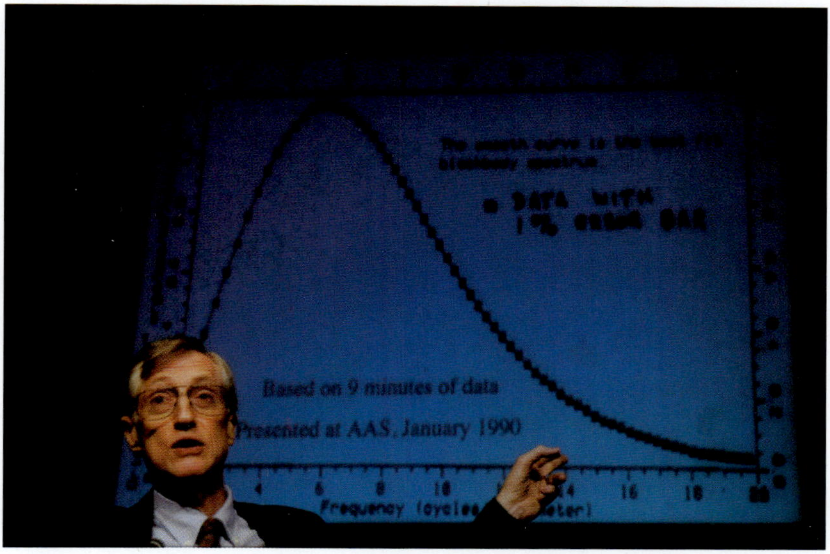

大爆炸的回声。马瑟于2006年10月6日在NASA的华盛顿特区总部展示了COBE卫星的最早一批数据(COBE黑体曲线)。

平直宇宙、闭宇宙和开宇宙的示意图。

普朗克卫星得到的宇宙微波背景辐射图像。这份图像显示了极早期宇宙中细小的物质密度差异引起的微弱背景温度涨落。后来，它们形成了各种结构，包括我们今日所见的星系。

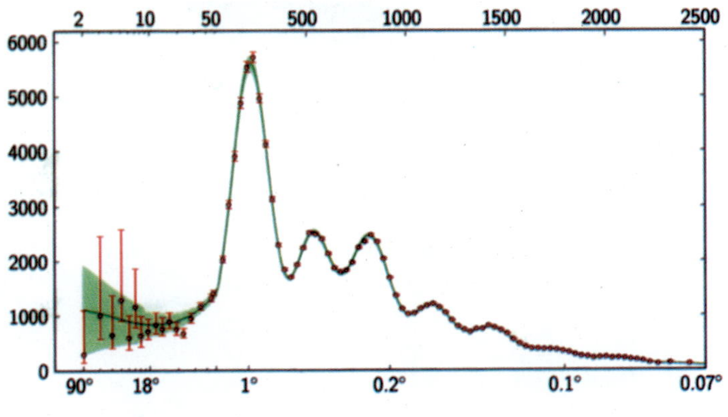

普朗克卫星得出的宇宙微波背景辐射功率谱。图中的点为普朗克卫星测量所得，而曲线则代表了Λ-CDM宇宙模型的预测。

对本书的评价

爱好者们将从这些故事中获得极大的快乐，毫无疑问将受其鼓舞，进一步去探索令人激动的科学奥秘。

——BBC《夜空》(*Sky at Night*)杂志

这是一本关于现代科学及其成就的综合性指南读物。

——《知识大图解》(*How It Works*)杂志

内容提要

多少年来，科学家们一直期盼着能够找到一个将相对论和量子论统一到同一个数学框架中的"万物理论"，这就是物理学所追求的"圣杯"，他们期望着只用一个简单的方程就能提供关于生命、宇宙和万物的普适答案。

在本书中，杰出的科普作家约翰·格里宾第一次给我们讲述了这两个理论如何殊途同归，最终发现宇宙的真实年龄为138亿年的故事。这是人类最伟大的发现，它为未来在最小尺度和最大尺度上将宇宙的秘密最终结合起来铺平了道路。

作者简介

约翰·格里宾(John Gribbin,1946—　),英国著名科学读物专业作家,1946年出生于英国肯特郡的梅德斯通。他在萨塞克斯大学获物理学学士学位及天文学硕士学位,此后前往剑桥大学天文研究所工作并获得了博士学位。他后来为《自然》(*Nature*)和《新科学家》(*New Scientist*)杂志写作,涉猎领域广泛,包括宇宙学、多重宇宙以及科学史。他的科学著作多次荣获英国和美国的科学写作奖章。他还著有多位名家传记,包括爱因斯坦(Albert Einstein)、薛定谔(Erwin Schrödinger)、霍金(Stephen Hawking)、费恩曼(Richard Feynman)、伽利略(Galileo)、霍利(Buddy Holly)和洛夫洛克(James Lovelock)等。格里宾从1993年开始一直是萨塞克斯大学的天文学访问学者。

目录

引言

最重要的事实

宇宙由此开始。我们看到的一切——恒星、行星、星系、人类——都可以溯源至138亿年前的某一时刻。这一困惑了哲学家、神学家和科学家数千年的"终极"问题,在我们的有生之年得到了解答。从20世纪60年代发现宇宙微波背景辐射[1]开始,宇宙年龄有限的概念,从一个假说(其可能性比存在一个永恒而无限的宇宙的可能性大不了多少)到如今成了一个不争的事实,经历了差不多半个世纪的时间。宇宙的年龄可以通过诸如普朗克卫星之类的空间观测站的高精度数据得到精确测量。但是对这样一个科学胜利的描述经常忽略了一个更重要的事实——探索的历程还有另外一段故事,正是它的存在使得这一关于起源问题的发现更为令人信服。

目前我们在科学上最重要的认识是,我们关于极微小世界的理论——量子力学,与我们关于极大尺度世界的理论——宇宙学,又称为广义相对论,具有极其惊人的一致性。尽管这两个理论是完全独立地发展起来的,而且至今还没有谁能够成功地将这两个伟大的理论合并成一个所谓的量子引力理论。然而事实是,它们各自给出了同一个问题的"正确"答案,告诉我们整个物理学,甚至整个科学存在一个更为基本的理论。的确如此。

那个基本的问题是什么呢？我们又怎样知道两大理论在这个问题上的答案是一致的？宇宙学家计算的宇宙年龄——138 亿年，仅比天体物理学家计算出的位居其中的恒星的年龄略大一点点，它的意义如此重大，真是值得在屋顶上高声呐喊。然而，这却有点想当然了。我觉得需要来作一点更公平的调整。

最近的一些事使得这种一致性之重要意义被忽视的情况更突出了。我是 2013 年决定写作本书的，那时普朗克卫星获得的数据正出现在新闻头条。许多新闻故事的标题都是这样吹嘘的："宇宙比我们过去所想的更为古老"。这让宇宙学家啼笑皆非，尽管它确实是对的，新的数据使得宇宙的估算年龄从以前的 137.7 亿年增加到了 138.2 亿年，但是增加的幅度还不到百分之一的一半（后来又纠正为 138.0 亿年）。令人惊讶的是，这些数据竟然能使我们对宇宙年龄的估计达到一个如此高的精度。一代人以前（那时我们已经知道宇宙有一个起点），我们还只能说宇宙的年龄大致在 100 亿年至 200 亿年之间。这一最新测量的精度还只是那个最重要事实的一半，这个事实的物理学部分，就是本书的重点所在。至于其哲学或宗教的意义，还是留给其他学者去争辩吧。

最年老恒星的年龄显示出它们仅仅比宇宙的年龄略小一些。如果这还不能让你留下深刻的印象，那么想象一下如果发生了另一种情况——测量到恒星的年龄比宇宙的年龄还大，科学家们会是怎样的感受！这将意味着他们所钟爱的两个重要理论——量子物理学和广义相对论，至少有一个是错的。

事实上，我们甚至都没有必要去想象，如果测量得到恒星的年龄大于宇宙的年龄，科学家们会是怎样的感受，因为那个情况在第二次世界大战结束之时，正好也就是我这一生开始的时候就已经出现了，我自己不仅是这个宇宙年龄测量团队的一员，也认识这个故事中的许多人物。当我还是一个孩子时，天文学家的确发现他们对恒星年龄的估计大于对宇宙年龄的估计。这也正是“稳恒态”宇宙模型的支柱之一，这一理论认为宇宙在时间和空间上是无限的，宇宙本质上是不变的。我将解释我们可以从20世纪40年代的理论与现代公论之明显冲突中得到什么，包括普朗克卫星观测结果的意义，也将使得这个公论的重要性变得更为清晰。但是我还是需要先回顾一些宇宙学和天体物理学的“前期历史”，回到19世纪导致理解恒星和宇宙之本质的发现，为讲述这个最重要的事实做好准备。

约翰·格里宾

2015年6月1日

第零部分

导　　言

第零章

2.712:确定宇宙的温度

半个世纪前的1965年,美国天文学家阿尔诺·彭齐亚斯(Arno Penzias)和罗伯特·威尔逊(Robert Wilson)发布消息说,他们偶然发现了一个微弱的、可能来自太空中任意方位的射电“嘶嘶”声。虽然那个时候他们还不知道,“宇宙微波背景辐射”这个概念其实早在10年前就已在伽莫夫(George Gamow)的宇宙大爆炸(Big Bang)模型中作出了预言。巧合的是,同样在1965年,还有一支由皮布尔斯(Jim Peebles)领导的研究团队也产生了类似的想法(他们并不知道伽莫夫团队的工作),并正在建造探测器以图寻找这样的辐射。当新发现的消息传来时,皮布尔斯立即就把它解释成了大爆炸的证据。然而彭齐亚斯和威尔逊在发表其发现的文章中却刻意回避了这一联系,因为他们偏爱稳恒态宇宙模型。尽管如此,这篇文章的发表还是载入了史册,一直影响至今,大爆炸的思想已经成了当今宇宙学的主流。如今测定的背景辐射的温度——2.712K*(或-270.438℃)——已经成为宇宙“开始”的时候有多热的重要指标,也是宇宙存在一个起点的关键证据。

---

* 此即本章标题数字的来源。本书每一章都会采用该部分故事中最重要的一个数值作为标题数字。——译者

然而在那个时候,彭齐亚斯和威尔逊都还不知道他们这一发现的重要意义。他们正在为美国电话电报公司(AT&T)的贝尔实验室工作,使用一个特别设计的天线来检测全球卫星通信的可行性。他们能使用这些位于新泽西州克劳福德山的天线来进行纯科学探索,得益于AT&T的开明政策。AT&T允许贝尔实验室的科学家们在从事改进通信方式的应用研究的同时,拥有开展纯科学研究的自由。

贝尔实验室于1925年1月1日成为AT&T的研究分支。两年之后,贝尔实验室的两名研究人员,戴维孙(Clinton Davisson)和他的助手革末(Lester Germer)发现了电子的波动性,取得了量子物理的一个关键性进展。戴维孙于1937年成为贝尔实验室第一个荣获诺贝尔奖的科学家。他当然不是最后一个,贝尔实验室的肖克利(John Bardeen William Shockley)和布拉顿(Walter Brattain)因为晶体管的发明而于1956年分享了诺贝尔奖。到20世纪60年代,贝尔实验室已经被公认为杰出科学研究的中心,成为许多年轻的研究人员在就业时青睐的地方。

阿尔诺·彭齐亚斯就是这些年轻人之一。他出生于犹太家庭,父亲是波兰神父(生于德国),母亲是德国人。1933年4月26日,彭齐亚斯出生于慕尼黑,恰好也是盖世太保成立的同一天。作为一个中产阶级舒适家庭的长子,20世纪40年代许多德国人遭遇的麻烦也出现在了他的身上。1938年,纳粹开始将那些没有德国护照的犹太人集中起来遣往波兰。然而波兰当局几乎和纳粹一样憎恶犹太人,他们于1938年11月1日关闭了逃难通道。载着彭齐亚斯一家人的火车恰好在几小时后到达,因而又被遣返回了慕尼黑。阿尔诺的父亲被要求在6个月内离开德国,否则后果自负。阿尔诺在6岁的时候就被迫带着弟弟乘火车前往英国。他们的父母不久以后也设法获得了护照,在战争爆发前夕逃了出来。老彭齐亚斯很有远见,在几个月前就买好了前往纽约的票,一家人于1939年12月乘客轮抵达那里,在船上度过了圣诞节和新年。

彭齐亚斯在诺贝尔奖的自传叙述中说道,尽管美国的避难生活在经济上比在德国艰苦了许多,但是全家人都"认为我还是应该去大学,学习科学"。当时唯一可行的选择是纽约城市学院,阿尔诺在那里遇见了他未来的妻子——安妮(Anne)。当彭齐亚斯一家到达纽约时,孩子们的名字都已美国化,阿尔诺(Arno)改成了"阿伦"(Allen),他弟弟冈特(Gunter)则改成了"吉姆"(Jim)。但是因为安妮已经被简称为Al,所以她还是称彭齐亚斯为 Arno,以免混淆。因此他又改回了原名,签名为"阿尔诺·A·彭齐亚斯"。

彭齐亚斯和安妮于 1954 年结婚,此时他刚从城市学院毕业,在陆军通信兵团工作两年后前往哥伦比亚大学,于 1961 年获得博士学位,其导师是后来于 1964 年因微波激射器和激光的工作而获得诺贝尔奖的汤斯(Charles Townes)。汤斯从 1939 年至 1947 年为贝尔实验室工作,正是汤斯介绍彭齐亚斯于 1961 年进入贝尔实验室工作。为长远计,彭齐亚斯希望使用克劳福德山的喇叭天线从事射电天文工作,但在那个时候,这个天线主要是服务于卫星,特别是名为"电星"(Telstar)的卫星(由贝尔实验室设计并计划于 1962 年发射),所以他那时是为别的项目工作。后来证明喇叭天线根本不是"电星"的工作所必需的,因此就转而用于射电天文研究了。恰好在那个时候,贝尔实验室的第二位射电天文学家罗伯特·威尔逊也加入了。他们于 1963 年初开始了合作。

威尔逊比彭齐亚斯略为年轻一些,1936 年 1 月 10 日出生于得克萨斯州的休斯敦。他的父亲在一个石油企业工作,但有一个业余爱好是修理收音机,因此为罗伯特提供了一些电子学的基础。他通过了学校系统的教育,是个好学生但并非特别突出。1953 年他来到了莱斯大学,根据诺贝尔奖的自传叙述,"差一点被拒绝了"。但是他对学习的课程很有兴趣,充满了"成功的喜悦",从而得以载誉毕业,随后于 1957 年进入加州理工学院开始攻读物理学博士学位,但当时还没有明确该从事什么样的研究工作。他在那儿听了霍伊尔(Fred Hoyle)的宇宙学课程并对稳恒态宇宙模型产生了兴趣。更重要的是,他听从了德维斯特(David Dewhirst,与霍伊尔一样,是来自剑桥大学的访问学者)的建议,决定从事射电天文学的研究。在这之前,他于1958年夏天回到休斯敦并与伊丽莎白·莎温(Elizabeth Sawin)成婚。

为完成其博士研究项目,威尔逊使用欧文斯谷射电天文台的新望远镜绘制了一幅银河系的射电分布图,这一工作综合了电子学和物理学,对他而言真是再理想不过了。他于1962年提交了研究论文。威尔逊的第一个导师是澳大利亚人、曾在望远镜的建造中发挥主要作用的博尔顿(John Bolton)。博尔顿返回澳大利亚之后又转由施密特(Maarten Schmidt)做他的导师。威尔逊和导师一起发明了一种微波激射放大器并在欧文斯谷望远镜中进行了应用,在工作中他"产生了希望前往贝尔实验室的念头",他同时也听说了一种新的喇叭天线。他于1963年加入了克劳福德山研究团队,彭齐亚斯是这里唯一的射电天文学家,所以选择与他合作当然是明智之举。然而,合作也是需要付出代价的,财政经费的削减使得克劳福德山只能支付一个全职射电天文研究人员的工资,于是他俩同意各自只用一半的时间从事射电天文研究,而将另一半的时间用于其他应用研究工作。但这个变化已经是在他们作出那个获得诺贝尔奖的发现之后了。

喇叭天线设计成这种形状的目的是减小来自地面的干扰,从而可以提供对来自天空中各个不同位置的射电波(就像光一样,也是电磁波谱的一部分)强度的最佳测量。其最初的测量目标是人造卫星,而不是像恒星或气体云这样的自然天体。这些射电信号的强度用温度来表征,也就是能发出这一辐射的"黑体"的温度。这一不太直观的用于表示辐射物体的术语来自这样一种概念:能够最大程度吸收电磁辐射的物体(也就是"黑体")如果被加热,也是最好的辐射体(参见第一章)。这种辐射的本质特点就是,其辐射特征精确地取决于辐射物体的温度。

科学家们习惯用"开尔文"作为温度单位,简称为"开"(标记为K,

注意不再带有表示度的符号）。这个单位制的1度与摄氏温标的1度是大小相同的，但是0K表示的是绝对温度的零度，这也是理论上所允许的最低温度，对应于摄氏温度的−273.15℃。粗略地说，地球表面的平均温度约为300K。但是喇叭天线射电望远镜的特别设计使得它能检测到低于0.05K的来自地面的干扰。为了确保实现天线能够提供的精度，在开始天文观测之前，彭齐亚斯和威尔逊需要建造一个尽可能具有同样灵敏度的接收器，也就是射电望远镜的电子接收终端（辐射计）。

接收器所使用的放大器（类似于威尔逊在加利福尼亚州所用的那一个）需要用液氦冷却到4.2K，彭齐亚斯发明了一种"冷负荷"，其本身可被液氦冷却到约5K，可以用于系统的定标。通过切换比较天线对冷负荷的观测和对天空的观测，他们可以测量宇宙的表观温度（那个时候对理想值的期望当然是0K）。将这个表观温度减去已知的影响因素，例如来自大气和来自辐射计的干扰，剩下的部分就应该是来自天线自身的噪声信号了，使用一些合适的方法（例如抛光）应该可以把它们完全清除掉。当然，他们希望的结果是全部清理之后不再有残余信号，那样就表示望远镜工作状态理想，可以真正进行射电天文观测了。

事实上，为了检测设备的灵敏度是否达到设计要求，与此类似的定标工作以前也曾由建造喇叭天线的工程师们做过，但是使用的技术精度较低，也没有使用至关重要的冷负荷。其中的一位工程师，埃德·欧姆（Ed Ohm），在1961年的《贝尔系统技术杂志》（*Bell System Technical Journal*）上发表过检测结果。在他的报告中，望远镜指向天空时测量的温度是22.2K，不确定度为2.2K，也就意味着实际情况可能是从20K到24.4K。他的团队计算了来自大气的系统噪声、残余的辐射计热噪声等，总计为18.9K，误差为正负3K，也就是说实际情况是从15.9K到21.9K。取以上表观测量数值范围的中值，两者相减之后得到了3.2K的天空温度值。但是考虑到误差的程度，这两组测量数据也可以认为是彼此相同的，所以欧姆的推论是"最可能的最小系统温度"是 21 ± 1K。由于彭齐亚斯和威尔逊对系统作了改良，其误差明显减小，预期测量值和实际测量值之间的差异变得明显了。他们很快就确认，从天线进入接收器的辐射至少比他们的预期值高出 2K。

这哥俩做了他们所能想到的各种工作以排除天线中的干扰源，包括清理掉一对筑巢于天线上的鸽子所积累的粪便，以及所有铆接点上的铝带。所有的努力都没能减少这些差异。1964 年一整年，神秘的"额外天线温度"都在困惑着他们，让他们的整个射电天文研究计划处于悬崖边了。不过，他们还有时间去做其他事情。1964 年 12 月，彭齐亚斯在美国科学促进会于华盛顿召开的一次会议上结识了麻省理工学院(MIT)的射电天文学家伯克(Bernard Burke)。3 个月后，在一次电话交谈中，彭齐亚斯向伯克介绍了他们持续遇到的天线噪声问题。伯克告诉他曾经听说一个由皮布尔斯和罗伯特·迪克(Robert Dicke)领导的普林斯顿大学(距离克劳福德山仅仅半小时车程)研究团队正在从事一个独立的研究项目，似乎也碰到了类似的问题。在与威尔逊交换意见之后，彭齐亚斯给迪克打了电话，迪克和他的同事们——皮布尔斯以及两位初级研究员罗尔(Peter Roll)和威尔金森(David Wilkinson)——当时正在开会，迪克专心地听了彭齐亚斯的叙述，只是偶尔发表一些评论。放下电话后，他转向他的同事们说道："伙计们，我们被人抢先了。"[2]

彭齐亚斯和威尔逊所不知道的是，普林斯顿的研究团队正在研究那个关于宇宙从一个炽热而致密的状态膨胀而来的猜想，那个猜想的一个推论就是可能在微波波段留下一个充斥于天空各处的冷背景辐射。他们正在建造一个小型射电望远镜以图寻找这一辐射。第二天，他们驱车 48 千米*前去会见彭齐亚斯和威尔逊，并检查了他们的望远镜。他们很快就确认贝尔实验室的研究者们确实发现了这个"残余"

---

* 原书均采用英制单位，1 英里约为 1.609 千米，译文均据此改为公制单位，下文不再说明。——译者

辐射,“超出”的温度根本就与天线自身无关,而是宇宙在大尺度上的真实温度。彭齐亚斯和威尔逊都不大相信这个说法,因为他们偏爱稳恒态宇宙模型,也就是说宇宙在本质上应该是永恒的和不变的。但是因为测量结果得到了某种程度的科学解释,他们还是感到释然了许多。

然而,这个解释是对的吗?迪克的想法也可以被描述为“大爆炸”,但却不是我们所熟悉的那一个。迪克出生于1916年,是彭齐亚斯、威尔逊以及他在普林斯顿的同事们的上一代人。他在第二次世界大战期间就从事雷达工作,还发明了一种名为迪克辐射仪的仪器,可以很好地用以研究那种后来吸引了彭齐亚斯和威尔逊注意的微波辐射。事实上,他在1946年使用这一仪器研究来自地球大气的辐射时,就已经发现来自头顶(也就是来自太空)的“噪声”与一种低于20K的辐射有关,但是那时他还没有进行宇宙学方面的思考。到1965年的时候,他已经忘掉了他曾做过这样的测量工作。他再一次对背景辐射发生兴趣是因为元素起源之谜,这也是本书将不断出现的与多个研究分支都有关的主题。

正如我将在第一章解释的那样,到20世纪40年代,人们已经很清楚宇宙中的大部分可见物质都是以氢和氦的形式存在的。明亮的恒星和星系的75%是氢,而24%是氦,只有不到1%的部分是其他物质,包括地球和人体的物质组成。氢是最简单的元素,每一个氢原子仅由一个质子以及与其相伴的电子组成。假定这就是组成所有物质的基石,天体物理学家十分好奇其他的物质从何而来。

第一个从宇宙学视角来计算元素如何形成的人是伽莫夫。他是侨居美国的俄罗斯物理学家,那时正在华盛顿特区的乔治·华盛顿大学工作。伽莫夫是首批基于宇宙膨胀的全新观测证据而完全相信宇宙诞生于一个炽热、致密状态(现在被称为大爆炸理论)的科学家之一。伽莫夫猜想宇宙就是从一团炽热而致密的中子气体开始的。这些中性的粒子是不稳定的,很快发生衰变,每一个都分裂成一个质子和一个电子,因而产生了大量的氢。如果大爆炸的温度足够热、密度足够高,质子(氢原子的核)就能形成氘核(重氢),这一过程称为聚变,更进一步的碰撞还将生成氦核,每一个都包含两个质子和两个中子。伽莫夫给他的学生阿尔弗(Ralph Alpher)布置了一个任务,计算这一过程的有效性。他们一道发现,尽管用这种方法生成氦是很容易的,但是要在膨胀的宇宙冷却(从而聚变过程停止)之前产生其他更重的元素却是极其困难的。然而伽莫夫,这个富有传奇色彩的人物并不畏惧。他毫不怀疑自己的能力,认为他的理论已经解释了宇宙的99%从何而来,至于那剩下的1%的细节问题完全可以留给后来者去解决。

这一工作成了阿尔弗博士论文的主题,并改写成论文于1948年发表于《物理学评论》(*Physical Review*)。伽莫夫还是一个喜好开玩笑的人,他决定在论文的合作者中加上他的好朋友贝特(Hans Bethe,其本人对此还一无所知),这样署名顺序为阿尔弗、贝特、伽莫夫,正好与头三个希腊字母:α(阿尔法)、β(贝塔)、γ(伽马)谐音。阿尔弗对这种稀释了他在这一重要论文中的作用的做法并不高兴,但也无可奈何。今天,我们通常把这篇论文称为"α-β-γ"。无论如何,阿尔弗的排名毕竟还是第一位的。这是宇宙学发展中的重要一步,第一次表明"大爆炸"的想法是可以定量计算的,但是它没能回答氢和氦之外其他元素的起源问题。

元素起源(核合成)之谜也正是邦迪(Hermann Bondi)、戈尔德(Tommy Gold)以及霍伊尔共同提出与大爆炸不同的另一种宇宙起源假说——稳恒态宇宙模型——的重要原因。这一理论的基本思想是:尽管宇宙是在膨胀,星系彼此之间越来越远,但它们并非在有限时间之前从一个炽热而致密的状态膨胀而来,宇宙实际上一直都是同样的面貌。随着宇宙的膨胀,星系之间不断有新的物质以氢原子的形式诞生出来,进而形成新的恒星和星系。恒星内部发生的就是核合成的过程。这是一种比伽莫夫等人提出的大爆炸核合成要缓慢得多的过程,但由于稳恒态模型认为宇宙年龄是无限大的,因此时间不是问题。正如我们将要看到的,霍伊尔是发展恒星核合成理论的关键人物,到20世纪

50年代末期,他认为已经完全可以抛弃大爆炸假说了(有趣的是,正是他在BBC的广播中杜撰了"大爆炸"这个名词)。然而,正如霍伊尔自己发现的那样,尽管恒星核合成理论可以解释那1%的问题,却难以解释宇宙中所有氦的起源。需要将大爆炸的核合成和恒星的核合成加在一起才能解释所有的可见宇宙物质,但那已经超前于我们的故事了。

迪克并不喜欢这个所有宇宙物质在大爆炸的几分之一秒之内诞生的想法,也不喜欢星系之间不断生成新物质的想法。他偏爱第三种被称为循环宇宙的想法。在这个假说中,宇宙物质的总量保持不变,但是在膨胀一段时间后会转变为收缩,像大爆炸这种炽热而致密的状态就是宇宙反弹,或者说是"凤凰涅槃"一般的另一次循环的开始。*

20世纪50年代,人们开始认识到在银河系这样的星系中存在两种类型的恒星,分别称为星族Ⅰ和星族Ⅱ。星族Ⅱ都是年老的恒星,重元素(在天文学家的词汇中,所有比氦元素重的元素都被称为重元素或金属元素)的含量很低,它们几乎完全由氢和氦组成。星族Ⅰ则是年轻的恒星,重元素(金属)的比例相对较高。年轻恒星来自上一代恒星死亡后留下的原料,那些原料中已经富含重元素(或者说被"污染"了),这也正是恒星核合成的重要证据。但是迪克也认识到,要使得循环宇宙(或称振荡宇宙)理论能够成立,它的致密阶段就要达到足够高的温度,使得所有的金属元素都可以被碎裂成氢和氦。这也使得他相信我们所看到的宇宙的确是从一个炽热而致密的状态膨胀而来,虽然他认为这种大爆炸并非唯一的一次。1964年,他向刚刚完成了博士论文的皮布尔斯建议说,可以去计算这一假说所需要的温度以及这种辐射如果残余到今天可能具有的温度。皮布尔斯的粗略计算表明,今天的宇宙应该沉浸在一种温度低于10K的微波辐射的"海洋"之中。当彭齐亚斯打来电话的时候,罗尔和威尔金森正准备开始寻找这种辐射。

---

* 迪克的振荡宇宙模型实际上比这里的叙述更为复杂,但因为它是错误的,我在这里就不展开叙述了。

两个团队会谈的结果是,决定在《天体物理月刊》(*Astrophysical Journal*)1965 年 7 月刊上同时发表两篇论文。迪克、皮布尔斯、罗尔和威尔金森的那篇在前,给出对早期炽热宇宙可能残留温度的理论分析,然后是彭齐亚斯和威尔逊那篇标题十分平淡的论文:《频率 4080mc/s* 处天线额外温度的测定》。文中也只有一句话提到在科学发现上可能的意义:"迪克、皮布尔斯、罗尔和威尔金森在本刊同期上一篇论文提出的理论为这一实测的额外噪声温度提出了一种可能的解释。"他们并没有打算放弃稳恒态宇宙模型。"我们认为,"威尔逊在他的诺贝尔奖演讲中说道,"我们的测量独立于理论之外,它比理论更为长寿。"事实上,根据迪克的说法:"彭齐亚斯和威尔逊甚至根本都没有打算为此写点什么,直到我把我们准备发表一篇论文的计划告知他们。"[3] 但是到 1978 年的时候,许多天文学家团队通过多个波段的观测最终确认了他们的发现就是大爆炸之后残留下来的辐射,后来得到的准确值为 2.712K。彭齐亚斯和威尔逊因此而分享了诺贝尔物理学奖。当时曾有人建议将彭齐亚斯和威尔逊的发现列在迪克、皮布尔斯、罗尔和威尔金森之后,排名第五和第六。** 真要那样的话,诺贝尔奖可能就会授予迪克了。但是也别为他感到可惜,因为这个故事中还有更多其他候选人值得你同情呢。

阿尔弗在取得博士学位后并没有停止对大爆炸的思考。那时,他正与伽莫夫的另一个学生赫尔曼(Robert Herman)一道研究伽莫夫的另一个想法。伽莫夫有一种既令人愉快,但有时又会激起(其同事)愤怒的手法:基于一个并不完整,甚至可能是错误的推理而得出具有深远意义的想法。1948 年,他提出的一个新想法被彭齐亚斯称为"几乎所有细节都是错误的",但却包含了具有深远意义的真相。[4] 他认识到大爆炸虽然必须非常之热以致核聚变可以发生,但又不能太热,否则高能

* mc/s(兆周/秒)是老的频率单位,等价于现在常用的"兆赫兹"(MHz)。——译者

** 这个说法可能来自彭齐亚斯,也可能来自威尔逊,我已记不清具体是谁了。

光子就会在氦核刚刚生成的时候把它们击碎。这样就为火球的结束状态设置了一个约为10亿摄氏度(10^9K)的粗略温度极限,而无论之前的条件如何。阿尔弗和赫尔曼接受了这个思想并将其做了优化,使得它在几乎所有细节上都是正确的,然后再计算出这样一个火球可能在今天残留下来一个什么样的宇宙背景辐射。他们得到的结果是几开的温度,这一结果于1948年以一个短讯的形式发表于拥有大量读者的科学杂志《自然》(*Nature*)。[5] 他们的推论是:"当前宇宙的温度最有可能是5K。"

这一推测常常被归功于伽莫夫,但是实际上并非如此。根据阿尔弗和赫尔曼的说法,"我们的好朋友和同事伽莫夫刚开始并不相信我们关于5K温度的预测有何意义,怀疑是否值得做观测,但是几年之后他开始认真对待这个推测了,他为此写了许多篇论文。"[6] 伽莫夫也是一位伟大的科学传播者,他把这个思想写入了他的很多书里,从而导致许多人以为是他提出了这个推论。正如阿尔弗和赫尔曼指出的,这是马太效应*的一个实际例子。在《宇宙的创生》(*The Creation of the Universe*,1952年)一书中,伽莫夫写道,"我们发现 $T_{当前}$ = 绝对温度50度",这是典型的伽莫夫式算术错位失误而导致的过高估计值,却仍然被许多爱好科学的读者们奉若神明地记录下来。令人惊讶的是,迪克和他的同事们竟然不知道阿尔弗和赫尔曼在1964年之前就已完成的工作,尤其是迪克在20世纪40年代还曾经从事过微波设备的工作。如果他读过阿尔弗和赫尔曼的论文,即使使用那个时代的技术(加上一个合适的冷负荷),他也应该可以测出微波背景辐射,那样的话获得荣誉的就可能是阿尔弗和赫尔曼了。更加不可思议的是,威尔逊和威尔金森都说他们对科学发生兴趣是因为阅读了伽莫夫的书,但是关于背景辐射的预言看来都从他们眼皮底下滑过去了。[7]

---

* "因为凡有的,还要加给他,叫他有余;没有的,连他所有的也要夺过来。"(《马太福音》25章29节,英王詹姆士一世钦定《圣经》英译本)

可以想见，伽莫夫、阿尔弗和赫尔曼在看到这个出现于《纽约时报》(*The New York Times*)头条新闻的故事与他们没有什么关系时，是怎样的沮丧。两位后来的微波背景研究参与者马瑟(John Mather)和博斯劳(John Boslough)记下了一些他们对此结果有所责怪的文章[8]，这里就不展开细说了，但是仍有很多被错失了的机会还是值得在这里提一下。

正如我在《大爆炸探秘》(*In Search of the Big Bang*)*一书中解释的那样，一连串被错失的发现背景辐射的机会可以回溯至20世纪40年代早期关于透过由气体和尘埃混合组成的星际物质的恒星光谱之研究。根据星光被星际物质吸收后在光谱中留下的谱线可以推测出这些云团的温度，配合其中与氰分子相关细节的研究，加拿大多米宁天文台的麦凯勒(Andrew McKellar)推断这些云团的温度介于2K和3K之间。天文学家都知道这个结果，却没有人意识到这些云团实际上是沉浸在背景辐射之中，就好像被放置在一个极冷的微波炉中一样。

我最喜欢的那些本应知道得更多却错过了重要发现的故事还是与霍伊尔和伽莫夫有关。1956年，霍伊尔正在访问加利福尼亚州的拉霍亚，伽莫夫恰好也在那里做一个短程访问，开着一辆全新的白色凯迪拉克敞篷车(典型的伽莫夫座驾)。那个时期，作为大爆炸理论的主要推动者，伽莫夫正在推广他那宇宙沉浸在一个温度约5K的辐射海洋之中的理论。而霍伊尔则是稳恒态宇宙模型的主要推动者，当然认为不应该存在这样一种辐射。他们进行了很多交谈，霍伊尔于1981年向《新科学家》(*New Scientist*)杂志叙述了这样一个故事：

> 有段时间，我和伽莫夫单独进行了一些讨论，他用他那白色的凯迪拉克拉着我兜风，向我解释他为什么相信宇宙应该有一个微波背景。

---

* 参见中译本《再探大爆炸——宇宙的生与死》，约翰·格里宾著，卢炬甫译，上海科技教育出版社，2013年。

而我则坚持认为宇宙不可能有一个如他声称的那么高温度的微波背景辐射，因为麦凯勒对烃(CH)和氰基(CN)的测量已经为任何可能的背景辐射设置了一个3K的上限。无论是凯迪拉克太舒适了，还是伽莫夫太希望得到一个高于3K的背景温度，而我则希望一个0K的结果，我们都错过了这样的机会……对我而言，当我与迪克在1961年第20届瓦伦纳相对论暑期学校就同一主题进行讨论的时候，我再次错失了这样的机会。对于微波背景辐射，我实在是太迟钝了。[9]

其实其他人也都一样，除了彭齐亚斯和威尔逊！伽莫夫尤其要责怪他自己，怎么会被贝尔团队给抢了先？

1964年，连霍伊尔也开始怀疑稳恒态模型了，至少是对它最简单的形式产生了怀疑。因为看起来的确不太可能在恒星内部产生足够量的氦。他开始寻找其他可能产生氦的途径，如果不是产生于“大爆炸”，那么是否可能产生于散布在宇宙中的一些“小爆炸”？他让年轻的同事罗格·泰勒(Roger Tayler)来计算这样一些事件能否产生背景辐射的海洋。霍伊尔当然知道所有关于阿尔弗和赫尔曼的工作，但却从另一途径得到了这一推论。尽管如此，即使到了1964年，他也仍然没有将这一工作与麦凯勒的观测联系起来。在霍伊尔和泰勒准备发表的论文的第一份草稿中，他们也对宇宙微波背景作了预测，但是霍伊尔在正式发表前却把这一内容删除了。泰勒后来告诉我，他是十分希望能够保留这一内容的。

然而，最接近发现背景辐射却又与之失之交臂的传奇故事来自俄罗斯。在一项大部分完成于1964年的研究工作中，苏联研究者已经得出了解答这个问题的大部分线索，却只差了那么一点点。泽尔多维奇(Yakov Borisovich Zel'dovich)是苏联时代的顶尖科学家，他也进行了与伽莫夫团队类似的计算，推论出宇宙应该起始于一次炽热的大爆炸，并遗留下一个温度仅为几开的背景辐射。他甚至知道《贝尔系统技术杂志》上欧姆的文章，但却误解了欧姆的推论。另一个名气不及他的天文学家斯米尔诺夫(Yuri Smirnov)也算出背景辐射的温度在1K到30K之间。以此为出发点,多罗什克维奇(Andrei Doroshkevich)和诺维科夫(Igor Novikov)甚至写了一篇论文说明最适合进行这一探测工作的天线就是克劳福德山的喇叭天线。为什么没有一个俄罗斯人注意到欧姆已经发现了这一辐射?原因在于翻译之中搞错了一些信息。欧姆的论文中写下他测量的天空温度是3K,他的意思是减去了所有其他可能的射电信号之后,残留下一个3K的背景。巧的是天线测得的大气温度也是3K,这个因素实际上已经被欧姆扣除了,然而俄罗斯人却误以为欧姆测量的是这个温度,因此他们又将其减去,导致剩下的结果是0。这样的误会在今天很容易就会通过email的交流而被发现,但在20世纪60年代,苏联和美国之间科学家的交流却是受到严格限制的。

尽管开始时存在这么多的失误和误解,宇宙微波背景辐射最终还是被发现了。在后来的岁月里,研究的细节不断丰富,许多成果将在本书的第二部分予以呈现。最关键的一点还是这个辐射的温度,2.712K。它告诉我们,宇宙确实诞生于一个有限的时间之前。那么究竟是何时?我们的故事将真正由此开始。

第一部分

怎样知道恒星的年龄

第一章

2.898:前期历史——光谱及恒星的组成

实证主义哲学家孔德(Auguste Comte)于1835年写道:“没有什么可以想见的办法来确定恒星的化学组成。”他所不知的是,关于这一探索的第一步实际上已经开始,并且在他1857年死后不久就已经完成。

辨识谱线

这个第一步实际上在1802年就已经迈出去了,那一年孔德才4岁。迈出这一步的是英国物理学家沃拉斯顿(William Hyde Wollaston)。尽管从1800年起就已部分失明,沃拉斯顿仍是他那个时代的领军科学家,对光学研究贡献颇多。跟随牛顿(Isaac Newton)的脚步,沃拉斯顿在1802年也开始研究太阳光谱,他让一束通过狭缝的阳光再穿过一个玻璃棱镜,从而将阳光分解成彩虹模式。他注意到其中出现了多个暗带,在红色部分有两条,绿色部分有三条,蓝紫色部分还有两条。沃拉斯顿错误地认为它们是不同颜色之间的分隔间隙,因而没有对这一现象做进一步的追究。但是他的发现引起了其他研究人员的注意,特别是德国人夫琅禾费(Joseph von Fraunhofer),他在19世纪的第二个

10年已能制造更多的光谱并最终识别了574条谱线。今天了解的太阳光谱暗线比他的辨识多出了许多,但仍被称为夫琅禾费谱线。一段拥有众多谱线的光谱,看起来就像条形码。它们是怎么产生的呢?

德国人本生(Robert Bunsen)和基尔霍夫(Gustav Kirchhoff)在19世纪50年代和60年代的研究为此给出了部分答案。本生的大名因为本生灯而为每一个学过化学的人所知晓,尽管这个燃烧器实际上是由法拉第(Michael Faraday)发明,而由本生的助手德萨加(Peter Desaga)改进完成的。德萨加之所以没有使用他自己的名字,是因为本生的名气更有利于这个改进设备的市场推广。当然,这里的重点不是谁发明了本生灯,而是本生和基尔霍夫的确使用了这一设备。

早在19世纪50年代早期,海德堡市就已经有管道将来自煤炭的可燃烧气体输送到一般人家和企业,也会送到大学里的科学实验室。这就使得本生有条件使用那个以他的名字命名的燃烧器来做研究。这一燃烧器用可控制的办法将氧气和其他可燃气体混合在一起,产生清晰的火焰,就可以用于"焰色检测",这是一种根据火焰的颜色来识别物质种类的方法。本生起先是使用颜色滤光片来进行鉴别,但是基尔霍夫指出使用光谱仪可以进行更细致的分析。他们一起制造了这种设备,其中有一条窄缝可让光线通过,用一个准直镜使光束变窄,进而使用一个棱镜将其分解成彩虹模式,然后再使用一个目镜(类似于显微镜的目镜)来观察光谱。尽管夫琅禾费在这之前已经使用了棱镜和目镜的组合来做研究,但是作为一台完整的包含所有必要成分的光谱仪,这还是第一次出现。

海德堡的研究团队知道,投入不同的物质时,本生灯会发出不一样的火焰颜色。例如,一丝丝的钠就会使得火焰发出黄色光,而铜的加入则会使火焰变成绿色或蓝色。所以他们用光谱仪来分析这些来自不同火焰的光。他们发现,每一种元素被加热的时候就会在光谱中特定的波长处出现一条亮线——对钠而言,就是在光谱的黄色区域;而对铜而言,则是出现在光谱的绿色/蓝色区域,等等。(黄色的纳线早已为夫琅禾费所知,他还曾用此来检测玻璃的光学性质,而这引导他开始了对太阳光谱的研究。)德国的研究团队很快就认识到,任何受热的物体都会在光谱中产生一条独特的谱线。一天晚上,海德堡的实验室对16千米之外曼海姆的一场大火作了分析,识别出其中由锶和钡所产生的谱线。

几天之后,本生和基尔霍夫沿着流经海德堡的内卡河散步,讨论着他们在大火之中看到的现象。根据传说,本生对基尔霍夫说道:"如果我们能够确定曼海姆火中的物质,应该也可以针对太阳做同样的工作,但是人们可能会说我们这样幻想真是疯了。"

无论如何,他们还是将注意力转向了太阳光谱,发现夫琅禾费辨识出的许多暗线就在那些实验室中加热物质所发出的亮线同样的位置上,精确地具有同样的波长。这是一种自然的暗示,说明这些元素同样存在于太阳的外部,但是它们较下面的壳层为冷,因此当从炽热的内部发出的光穿过这些区域时,它们就在同样的波长位置上减弱了光,从而产生了许多暗线。基尔霍夫对理解这一现象的贡献特别大。那个时候还没人知道这些谱线是怎么产生的——这要等到20世纪关于原子结构的量子理论建立起来之后。但是在19世纪60年代,即使缺乏这些理解,人们还是有可能去了解太阳的组成,而且使用同样的技术也就可以知道恒星是由什么组成的了。据说他们在河边交谈时,基尔霍夫对他的同事说:"本生,我已经疯了。"本生回答说:"我也一样,基尔霍夫。"[10]基尔霍夫的发现于1859年10月27日提交给柏林的普鲁士科学院,这一天现在通常被认为是天体物理学这门学科的诞生日(尽管这个名称要迟至1890年才出现)。

仅仅过了30年,孔德的观点就被证明是错误的。好吧,也许不完全是这样。在19世纪剩下的几十年里,天文学家在太阳的光谱中辨认出了地球上也能找到的大部分元素,但是对于恒星,可用的细节就太少了。天文学家们很自然地会猜想太阳的物质组成总体上与地球是类似的,但这却是错误的,恒星的物质组成实际上要简单得多,我们现在已经知道它们(包括太阳)大部分都由氢和氦所组成,只有极少量的其他元素。但是在1860年代开始的时候,甚至还没有人知道有氦这种物质,它的发现真正标志着太阳光谱或恒星光谱时代的到来。

发现氦元素

英国天文学家洛克耶(Joseph Lockyer)看到了导致发现氦的第一道光,他在19世纪60年代时还只是一个狂热的太阳观测业余爱好者(实际工作是设于伦敦的陆军部的职员)。他很快就掌握了本生和基尔霍夫发展起来的光谱仪观测方法,并将其应用于太阳观测。他通过光谱仪发现,太阳黑子之所以较暗,是因为该处的气体较冷,吸收了其下层较热气体发出的光。他最伟大的发现是1868年10月20日使用一个新的光谱仪对太阳外层气体进行分析时得到的。

这一发现就发生在当年8月18日发生日食时对太阳外层大气的光谱研究之后。这一观测——也是基尔霍夫指出夫琅禾费谱线来自不同的化学元素之后的第一次日食观测——是由法国天文学家让森(Pierre Janssen)进行的。月球刚刚遮挡掉太阳表面的瞬间,他可以探测到紧贴于太阳表面之上物质的光谱。他注意到这一后来被称为色球层的大气层的光谱中有一些明亮的黄色谱线,其波长为587.49纳米,紧挨在钠元素的谱线旁边。这些谱线是如此的明亮,让森意识到即使没有日食也应该能够观测到它们,他在返回欧洲之前作了更多的观测。

同年的10月20日,在不知道让森工作的情况下,洛克耶使用他的新光谱仪观测太阳大气,也发现了同样的黄线。让森和洛克耶的发现以惊人的速度都于1868年10月26日提交给了法国科学院。但洛克耶很快进一步指出,这条谱线一定是一种之前未知的元素发出的,他还用表征太阳的希腊单词Helios将这个元素命名为Helium(氦)。

当时,这个说法遭受了巨大的争议。大多数科学家都倾向于认为这条谱线是在极端的温度和压力条件下由氢元素产生的。直到1895

年，物理学家拉姆齐（William Ramsay）发现铀元素释放出的一种未知气体也会在光谱中纳线的附近产生同样的明亮黄线。他起先把这种气体命名为氪，但是在他的同事克鲁克斯（William Crookes）指出这条谱线与洛克耶和让森在太阳光谱中发现的那条谱线出现在完全一样的位置上之后，他也认识到这实际上就是氦元素（他后来把另外一种气体命名为氪）。所以，实际上光谱仪在27年前就提前预见了地球上氦的发现。

那个时候，洛克耶已经成为了一名职业天文学家。1869年，他成为科学杂志《自然》的创始人之一，并承担了该杂志头50年的编辑工作。1890年，他被任命为位于南肯辛顿的太阳物理观测台的台长，一直工作到1911年退休。他于1897年被授予爵士称号，当然不仅仅只是因为发现了氦。

正如氦的发现所显示的那样，天文学正在恒星光谱仪所开辟的大道上阔步向前，这当然也得益于其他技术的进步，特别是摄影术的发明，这一技术使得人们可以长期保存恒星光谱，便于以后在空闲时再进行细致的研究，也可以与其他的光谱进行比较研究。但在当前，在了解更多与恒星年龄有关的其他技术之前，比较有意义的还是先向前跳到20世纪20年代，来对恒星的组成有所了解。

探寻氢线奥秘

这一步是由一位1900年出生的新世纪人迈出的，她恰好还是一个女性，在那个时候，女性成为领军科学家还是一件很不寻常的事情。

佩恩（Cecilia Payne）于1919年在剑桥大学纽纳姆学院获得了一个有奖学金资助的学习机会（这也是她能够负担得起大学教育的唯一途径）。她的学习内容包括植物学、物理学和化学，但在听了一次爱丁顿（Arthur Eddington）关于日食远征观测并通过测量太阳附近遥远星光的偏折"证明了爱因斯坦是对的"的演讲之后，她对天文学产生了极大的兴趣。一个晴朗的夜晚，她访问了大学的天文台，向台里职工问了许多问题,以致爱丁顿也对她产生了兴趣并让她来管理天文台的图书馆,她在这里读到了许多最新的天文进展情况。

在完成学业之后(作为一名女性,她只被允许完成学位课程,却不能获得学位,剑桥大学直到1948年才对女性授予学位),佩恩开始寻找可以满足其兴趣的工作。但在英国,没有适合她的研究工作,因为唯一适合女科学家的工作只有教学。通过爱丁顿的介绍,她遇到了来自哈佛大学、当时正在英国访问的沙普利(Harlow Shapley)。沙普利帮助佩恩获得了一个研究生奖学金,从而可以有机会攻读博士学位(尽管如此,从技术上来讲,她仍然不是一名研究生)。她因此于1923年来到了美国,仅仅两年之后,就凭借出色的论文而成为获得拉德克利夫学院天文学博士学位的第一人*(也是第一个因在哈佛大学天文台完成的研究工作而获得博士学位的人)。在这篇论文中,她论证了太阳主要由氢组成的观点,但这个观点在当时并未完全为人们所接受,直到后来另外两名男性天文学家也独立地得出了相同的结论。

佩恩对太阳光谱的研究使用了当时由印度物理学家萨哈(Meghnad Saha)提出的最新理论,这个理论认为太阳光谱中谱线(即夫琅禾费谱线)模式的复杂性至少有部分是由于太阳大气不同部分的物理条件不同所造成的。到20世纪20年代的时候,物理学家已经知道(当然,本生和基尔霍夫是不会知道的),原子是由一个位于中心的微小原子核,加上一个或若干个电子绕其运动而形成的。当一个电子吸收了一个特定波长的光,就会移动到较高的能级状态,并在光谱中形成暗线,而当电子从较高的能级状态跳到较低的能级状态时,就会发出辐射(以光子的形式)。一个失去了一个或多个电子的原子被称为离子,离子的光谱和它们的"母"原子的光谱大不相同(可以计算出来)。佩恩测量了恒星光谱中的吸收线,并对恒星大气中的温度(尤其重要)和气

---

* 当时情况下哈佛大学还不能给女性颁发博士学位,具备条件的女学生通常只能从其他院校获得博士学位。——译者

压如何影响原子的离子化做了研究，此时的谱线模式比起所有原子都处于“非离子”*状态时的模式要复杂得多。恒星光谱各不相同，并非因为它们的组成物质各不相同，而是因为它们各自大气中的离子化程度有所不同。

佩恩的伟大成就是揭示了形成数百条夫琅禾费谱线复杂模式的秘密，并具体给出了为解释观测的结果，需要多少比例的不同元素和不同的离子化程度。天文学家斯特鲁韦（Otto Struve）曾将这篇论文评价为“天文学史上最漂亮的博士论文”，由此可知她的任务是多么的艰巨。她计算了太阳和恒星中 18 种元素的比例，发现这些恒星的组成几乎都是一样的。令人惊讶的是，根据她的分析，太阳和恒星几乎完全都是由氢和氦组成的。如果她是正确的，在太阳这颗距离我们最近的恒星，以及所有其他恒星的物质组成中，其他物质的总量不超过 2%。宇宙的大部分物质都是以两种最轻元素的形式存在的。这在 1925 年几乎是一个无法被人相信的结果。佩恩相信她的结果是正确的，但是当沙普利将她的论文草稿寄给罗素（Henry Norris Russell）以寻求第二审稿意见时，得到的回答却是“完全不可能”。于是，佩恩听从了沙普利的建议，在论文后面补充了一句：“推导出恒星大气中这些元素（氢和氦）的丰度如此之大，几乎可以肯定是不真实的。”但当她的论文被接受，博士学位也落实之后，她写了一本名为《恒星大气》（*Stellar Atmospheres*）的书，希望说服天文学家们相信她的结果实际上几乎可以肯定是真实的。

得益于其他天文学家独立地证实了佩恩的结果，人们的思维才发生了真正的改变。1928 年，德国天文学家恩肖（Albrecht Unsöld）对太阳光作了详细的光谱分析，他发现氢线的强度极大，表明太阳中氢原子数目几乎是其他原子数目的百万倍。一年以后，爱尔兰天文学家麦克

---

* 我总是特别小心地在“非离子的”（un-ionised）这个词使用连字符，因为阿西莫夫（Isaac Asimov）曾经向我指出，如何通过对 unionised 这个词的发音来区分科学家和政治家（该词另有一个意思为“工会的”——译者）。

雷(William McCrea)*使用另一种光谱分析技术也证实了这一结果。这一结果有力地说明,这是一个时代所赋予的发现。虽然佩恩足够优秀并率先获得了成果,但有了20世纪20年代的技术,这个发现迟早都将出现。到1929年,在使用另一种技术也进行了类似的分析之后,罗素自己也发表论文证实了这一结果,并承认佩恩具有优先发现的荣誉。遗憾的是,由于罗素在天文学界的显赫地位,他还是经常作为发现者而被引用(那些引用他文章的人本该知道得清楚一些,至少也应该认真读一下他的文章啊)。

佩恩在她自己的天文学之路上继续前行。她于1934年嫁给了俄罗斯出生的天体物理学家加波施金(Sergei Gaposchkin),此后就将姓氏改为佩恩-加波施金。尽管由于她是女性,因而只能处于较低的位阶,领取较低的工资,她仍然留在哈佛大学度过了她的整个学术生涯。许多年之后,她早已取得了一个教授所应取得的研究和教学成就,她的官方职称却仍然只是"助理技术员"。直到1956年,她才晋升为正教授,也是哈佛大学的第一个女性教授。但是,如同众多科学家一样,她的研究动力并非来自其职位或薪水。1976年,佩恩去世前三年,她被美国天文学会授予亨利·诺里斯·罗素杰出贡献奖。毫无疑问,她十分清楚这个荣誉背后的滑稽。在接受颁奖的演说中,她这样说道(显然是针对她在恒星光谱方面的早期工作):"年轻科学家需要的真正回报应该是他在成为历史上发现或理解某一事物的第一人时所感受到的那种激动,尽管也许会有人告诉你说,'那是不可能的'。"

然而,即使到了20世纪20年代末,天体物理学家还是没能完全理解太阳大气主要由氢组成的真正意义所在。又过了将近20年,人们才认识到,即使是恒星的内部也主要是由氢(还有少量的氦和更微量的重元素)组成的。产生这种后知后觉的部分原因与后面将会讨论到的,人们在理解恒星究竟有多热的过程中恰巧产生的误会有关。

---

* 多年以后,麦克雷成了我的博士学位主考官。

太阳有多热

有两个温度对于我们理解恒星的本质格外重要。首先是太阳表面的温度,另一个是太阳核心的温度。结合其他的一些太阳基本特性,我们可以获得对它们更深刻的理解。

日地距离的测量是十分关键的一步。从开普勒(Johannes Kepler)在17世纪提出的行星运动定律出发,我们可以推算出太阳到金星的距离是太阳到地球距离的0.72倍,但是我们仍然不知道真实的距离是多少。幸运的是,金星偶尔会从太阳的表面越过(最近发生的一次是2012年),将这种"金星凌日"的现象与开普勒定律相结合,就可以用三角视差的方法解算出日地距离。如果我们从地球上相距甚远的两个地点同时观测金星凌日,会发现金星穿越太阳圆面边缘的时间是不同的,因为地球上不同的地点观测这一现象的角度不同。利用简单的几何关系就可以计算出太阳远在1.5亿千米之外,由此还可以进一步推算出太阳的直径大约是地球直径的108倍。

我们还可以进一步推算出太阳的质量。太阳的总质量决定了它的引力大小,正是那个力量拖拽着众多行星,包括我们的地球,在各自的轨道上绕日公转。地球在距离太阳1.5亿千米的轨道上每隔一年环绕太阳运行一周,天文学家据此即可算出它在轨道上的运动速度。通过基础物理学就可以推算出这个牵引行星的力量,不管它是系于太阳系中心的长绳产生的,还是源于太阳和地球之间的万有引力。知道了这个力,就可以应用牛顿引力定律算出太阳的质量大约是地球质量*的33万倍。由于太阳的体积(正比于直径的三次方)是地球体积的100万倍略多一点,这就意味着太阳的**平均**密度约为地球的三分之一,仅为

---

* 地球质量是在18世纪末期,由英国物理学家卡文迪什(Henry Cavendish)在一系列精确测量引力强度的实验中得到的。

水之密度的1.5倍。但是正如我们将要看到的那样,这才只是故事的一小部分。

我们现在已经知道太阳有多远,有多大,那么它有多热呢?我们有两种途径来解决这个问题。第一个方法是赫歇尔(William Herschel)在18世纪所作的观测。他指出,赤道地区中午的太阳可以在2小时12分钟内将一块2.54厘米(1英寸)厚的冰融化掉。因为太阳是向各个方向均匀发出能量的,这就意味着它的能量可以在相同的时间内将太阳周围与其距离等于日地距离的整个球壳的冰融化掉,这个球壳直径3亿千米,厚2.54厘米。想象这个冰壳向着太阳收缩,要保持其体积不变,那么它在直径缩小的同时就必然越来越厚,到达太阳表面的时候,这个冰壳将厚达1.6千米。在同样时间里将其融化所需要的温度差不多略低于6000K*。

这一物理推算方法对太阳是有效的,但是对测量其他恒星温度就无效了。幸运的是,我们还有另外一种方法可以进行普遍的应用,同样也能得到太阳表面的温度。这一方法来自多产的基尔霍夫。

恒星有多热

1859年,基尔霍夫对热物体发出辐射的研究得出了一个以他的名字命名的定律——基尔霍夫定律。容易混淆的是,物理学中还有另外一个也是由他发现的基尔霍夫定律,但是适用的是电流的行为。与辐射有关的定律可以表述为:在任意温度下,一个物体发出电磁能量(光和热)的速率与它在相同波段(或频率)吸收电磁能量的速率相同。这在1859年时还只是一个猜想,但是到1861年,基尔霍夫已经设计了一些实验来证明它是对的。1862年,他又引入了“理想”的发射体和吸收

---

* 需要记住的是,物理学家喜欢用从绝对零度(摄氏温度-273℃)开始算的开氏温标(K)来做温度的度量,因此0℃就是273K,以此可类推其他温度。

体的概念,称之为“黑体”。这样一种物体可以吸收所有落于其上的辐射,然后当它受热的时候,又可以以电磁波谱的形式将能量辐射出去。特别关键的是,这种“黑体辐射”在各个波长处的辐射是不均匀的。

使用一个非常简单的实验设置就可以在实验室里研究黑体辐射。取一个金属盒,例如密封的锡罐,在其上扎一个小针孔。任何一个进入这个小孔的辐射都将在盒子的内部不断反弹,并使其四壁被加热。这就是一个理想的辐射吸收体,根据基尔霍夫的理论,它同时也就是一个理想的辐射体。这里的“理想”是指黑体辐射与它的物质组成、大小、形状或其他物理性质都无关,唯一有关的要素只是温度。当它受热时,部分内部的辐射就会通过小孔泄漏出来,从而可用棱镜或光谱仪进行研究。用本生灯来加热它可能效率更高。盒子怎样受热并不重要,辐射总是相同的。这就是黑体辐射,它还有一个已经半废弃,但是却更具有描述性的称呼叫“空腔辐射”。需要注意的是,“黑体”并非就是黑的。它也可以是一个光和热的强发射体。实际上根据这个定义,太阳几乎就是一个理想的黑体——其他恒星也一样。

这就是我们确定温度的关键。1879 年,紧随英国的丁铎尔(John Tyndall)的实验,斯洛文尼亚物理学家斯特藩(Josef Stefan)也测量了不同温度下物体发出的总电磁能量。他推导出了一个总能量与温度的关系式,并用其计算了太阳的温度,结果是略低于6000K。斯特藩发现的关系式后来于1884 年为玻尔兹曼(Ludwig Boltzmann)所改进,并证明它只能精确地使用于黑体。这一关系式现在被称为斯特藩—玻尔兹曼定律。

1893 年,在柏林大学工作的维恩(Wilhelm Wien)进一步完善了黑体辐射的研究。在描绘不同波段的黑体能量辐射分布图上,可以看到辐射能量在短波波段随着波长的增大而上升,在中等波长位置处达到峰值,然后又平滑地下降到较低的能量。温度越高,峰值所对应的波长就越是移向短波,维恩发现黑体的辐射可以简单地等于用数字 2.898 *

* 此即本章标题数字的来源。——译者

除以峰值波长(以毫米*为单位),这就是维恩定律。例如,如果峰值对应的波长为4微米(即0.004毫米),则相应的黑体温度即为724.5K。维恩定律既直接又便于使用,至今仍然是天体物理的重要工具之一。这就意味着天文学家只要测量恒星辐射谱的峰值波长,就可以确定它的表面温度。而且这个结果和我们日常的生活体验也十分符合。

我们都知道物体在被加热的时候会改变颜色。在当年烧炭的时代,这个现象更为明显。我父亲就经常用插入火中的铁棍来点燃他的雪茄烟。较冷的铁棍(和室温相同)当然是黑的,当它变热的时候,就开始变为赤热,此时十分适合于点烟。如果他忘了将铁棍及时从火中拔出,它就会变得白热。尽管我从未亲见,但我完全可以想象铁棍一直未被取出直到最后被融化的情景。维恩定律把这一现象用数量关系表达出来了。

使用光谱仪可以测量出怎样的热算是"赤热",怎样的热算是"白热",以及从最暗的红色到最亮的蓝色(实际上,还可以延伸到可见光之外的红外辐射和紫外辐射)的渐变过程。恒星具有不同的颜色,红色星的温度小于蓝色星。维恩定律可以直接告诉我们恒星的表面温度。粗略地说,它们都处于3000K到30 000K的范围里,所以我们的太阳只是一颗具有较低表面温度的普通恒星。但是这还仅仅只是故事的一半,太阳和其他恒星内部的温度又是怎样的呢?

内部温度

一颗稳定恒星的核心温度仅和它的质量、亮度和成分有关,而与恒星**怎样**保持这个热量无关。只需保持适当的温度,就可以产生足够的压力来对抗向内的引力。我们可以从太阳对行星运动轨道的引力影响推知它的质量。而一旦我们知道太阳主要是由氢和氦所组成的,我们

---

* 原文为微米,似为笔误。——译者

就可以直接推算出其中心温度约为1500万K。如果太阳是一颗普通的恒星,那么其他恒星的核心温度也应该差不多。但是为了证明这一点,天文学家至少需要知道其他恒星的质量。幸运的是,他们也可以将控制行星绕日运行的引力定律同样应用于两个互相绕转的恒星(双星)甚至三合星系统。事实上,天空中可见的恒星中大约有一半都是双星。光谱学方法对于怎样分辨出其中的成员星再次发挥了重要作用。

正如本生和基尔霍夫发现的那样,每一个元素都会在一个特定的波长上产生一条谱线。但是如果这个产生谱线的物体相对于测量的仪器在运动,那么这些谱线的观测波长就会发生改变。对于朝向我们运动的物体,波被挤压,波长变短(频率相应变高),因为蓝光的波长相比红光为短,所以这种现象被称为蓝移。而对于远离我们而去的物体,波被拉长,波长变长(频率变低),就被称为红移。* 如果一个物体以一定的角度相对我们运动,情况就变得比较复杂,但是只要有耐心仍然可以用一些技巧来解算。这种谱线偏移被称为多普勒频移,用以纪念德国物理学家多普勒(Christian Doppler),他在19世纪40年代研究了声波的类似效应。多普勒频移的重要意义在于它依赖于产生光谱之物体的相对移动速度,所以可以用于测算互相绕转的双星的运动速度。

天文学家从基础物理出发,可以了解到能够形成恒星的质量范围是有限的。一团气体,如果其质量小于十分之一太阳质量,其中心就无法达到足够的热度,只能形成一个大号木星那样的冷天体,它们有个名称叫褐矮星。而在另一个极端,一团气体的质量如果超过太阳质量的100倍以上,它的核心就会变得非常热,以至于向外的压力超过了引力,导致自身分崩离析。粗略来说(首先由爱丁顿于20世纪20年代阐明,也正是他激发了佩恩投身天文学的热情),恒星的质量范围

---

* 还有另一种途径可能产生红移,本书第二部分关于宇宙学的讨论会谈及这个问题,但与这里的现象无关。

约在 0.1 到 100 个太阳质量之间。对于基础物理(以及基础物理学家)而言比较欣喜的是,对于真实双星系统的实际研究证实了这一点。在恒星的质量和它的内禀亮度(或称光度)之间的确存在一个简单的关系,这也说明了拥有不同质量和光度的恒星,其核心温度的确是大致相同的。

"内禀"亮度的确定非常重要。具有相同亮度的恒星看起来有的亮有的暗,这与它们与我们之间的距离不同有关。类似地,那些天空中看起来较亮的恒星实际上可能并没那么亮,只是因为距离较近而已,而一些看起来昏暗的恒星实际上却可能极为明亮,只是距离过于遥远罢了。有很多办法可以测定恒星的距离(我将在第五章里讨论这个问题),所以这些效应可以计算出来,从而得到恒星的"绝对星等"。绝对星等是我们假设把一颗恒星移到 10 秒差距(等于 32.5 光年)的距离时,这颗恒星看起来应该具有的亮度。

恒星的质量—光度关系(简称质光关系)的具体形式在整个质量允许范围内略有不同。其中,对于 0.3—7 个太阳质量的恒星,其光度正比于质量的四次方。所以如果一颗恒星的质量是太阳的 2 倍,那么它的亮度就是太阳的 16 倍,因为 $2^4=2\times2\times2\times2=16$。在另一个相关的关系里,类太阳恒星的直径正比于它的质量,所以一颗 2 倍太阳质量的恒星,其直径大小也是太阳的 2 倍,而不是 16 倍。爱丁顿注意到质光关系意味着所有这些恒星都具有相同的核心温度。我们现在知道这个温度大约是 1500 万开,但是在 20 世纪 20 年代中期,爱丁顿并不知道恒星主要由氢和氦组成,佩恩的突破性进展也尚未为人们所接受。所以他的计算得到了一个偏高的数值,他在 1926 年出版的《恒星的内部结构》(*The Internal Constitution of the Stars*)一书中还提到了两颗具体恒星所需要的能量:

就表面值而言,(这)就意味着船尾座 V 星需要每克 680 尔格的能量供给,克鲁格 80 星则需要每克 0.08 尔格的能量供给,无论如何,恒星的温度都需要达到4000万度才有可能实现这点。只要达到这个温度,该恒星就拥有了无限的能源。

在书的后面部分,他写了更多的细节。他说,作为一颗从坍缩的气体云中形成的恒星,它应该:

不断收缩直到其温度达到4000万度,此时其主要的能量供给将突然释放出来[……]恒星必须保持在此临界温度之上,以满足所需要的能量供给。

在1926年的时候,这个说法就产生了一个大问题:究竟是哪种能量可以维持一颗恒星像太阳那样发光?爱丁顿认为他知道,而且很快就将证明他是对的。他开辟了一条道路,使我们不仅可以像今天那样去理解恒星,而且可以理解整个恒星生命周期,甚至最终可以测量宇宙中最年老恒星之年龄。* 但是,他们首先还是得先解开太阳的年龄之谜。

* 天体物理学家喜欢将恒星的生命循环也称为“演化”,这多少有些傲慢无礼。

第二章

0.008：太阳的核心

从某些角度上看，太阳其实并不很热。我比较喜欢伽莫夫在1964年出版的《一颗名叫太阳的恒星》(*A Star Called the Sun*)一书中所举的例子。如果一个完全孤立的咖啡壶以太阳平均每克质量产生热量相同的速率产生热量，需要多长时间能将一壶室温的水烧开？答案令人吃惊，竟然需要好几个月才能烧开！将一克水的温度从0℃提升到100℃需要419焦耳的能量。平均而言，太阳的每一克质量产生的热量却是极小的。太阳的总质量为2×10^{33}克，但是每秒穿过其表面的热量只有3.77×10^{26}焦耳，所以每一克太阳质量每秒只产生1.88×10^{-7}焦耳的热量，也就是说比每秒百万分之一焦耳还小，这个产能率甚至小于你的身体进行新陈代谢的化学过程，但是你的血液并不会因此而沸腾，因为你的身体不是封闭的，热量会散逸掉。

所以问题并不在于太阳有多热，即使烧煤也能在数秒或数千秒的时间里产生那么多的热量。20世纪天体物理学真正面对的难题是：一颗像太阳那样的恒星如何能够那么长久地保持这个热量。19世纪以来，随着地质学和进化论的发展，地球的年龄之大已经越来越清楚了，从地球的年龄也就可以确定太阳年龄的最小值，这个数值已经大大长于任何已知的产能过程，例如燃烧一块太阳那么大的煤球所能支持的时间。

法国人的贡献

第一个认真计算地球年龄的人是18世纪的法国贵族布丰伯爵(Comte de Buffon)。布丰非常富有并将毕生精力都献给了科学和公众服务。他死于1788年，刚好躲过了法国大革命的混乱，他那继承了贵族头衔的儿子却被拖上了断头台。在布丰对科学的众多贡献中，有一个贡献是他重拾了17世纪牛顿在《原理》(*Principia*)中的论述："彗星时不时地就会撞向太阳。"这一观点逐渐被自然哲学家(那时候对科学家的称呼)发展成这样一个理论，即认为太阳可能是一个燃烧发光的大铁球，而地球则是太阳在彗星的撞击作用下部分太阳物质被撕裂飞出来以后形成的。牛顿在没有做任何实验和细致计算的情况下，就猜想地球那么大的赤热铁球要冷却到适宜居住的条件至少要"超过5万年"。虽然它意味着地球的年龄可能超过《圣经》推测数值的10倍以上，但是没人对此给予过关注。

布丰将这一想法推进了一步，并具体做了一些实验来检测不同大小的赤热铁球冷却的速度。实验并不复杂，但却很有意义。布丰具体测量了不同大小的铁球从赤热的状态冷却到可以用皮肤接触的程度需要多少时间。通过这些测量，他进一步外推说明一个地球那么大的赤热铁球要冷却到同样的状态需要多少时间。根据传说，他的实验助手是一个贵族小姐，为了保护娇嫩的手，她在接触铁球时戴上了精致的白色手套。实验证明牛顿的说法并不离谱。布丰估计地球冷却到适合生命出现需要超过75 000年的时间。尽管还是十分粗略，但这已经是一个测量地球年龄的真正科学的尝试了，该测量过程与结果发表于18世纪的后半叶。这一结果很快就被另一位下一代伟大的法国科学家所更新，但是他所计算的地球年龄是如此之大，以至于直到19世纪早期都没有将其发表。原因可能是他害怕教会的敌视，也可能是连他自己都不相信。

傅里叶(Joseph Fourier)是拿破仑(Napoleon)的科学顾问，并在法国市政办公室中居于高位，先后被授予男爵和伯爵的称号。* 19世纪的头10年中，他在格勒诺布尔市担任伊泽尔省省长的时候开始了对固体物质热量流动问题的研究。他关于热流研究的著作发表于1822年。傅里叶做了许多实验，例如加热铁棒的一端，监测热量怎样传递到另一端，由此他导出了描述热流的方程。他接着又应用这些方程来推算像地球这么大的熔融球体要冷却下来需要多长时间。他对布丰的思考作了一个十分重要的改进，他认识到一旦地球的球壳冷却下来，就可以起到使其内部与外部隔离开来的作用，大大减慢热量散逸的速率。这也正是地球的核心至今仍为熔融状态的部分原因(另外一个原因是核心的放射性作用仍在释放热量，这个因素很快也将进入太阳研究的故事)。傅里叶写下了这个可以推导出地球年龄的方程，考虑了各种可能的影响因素，可以肯定他已经求出了这些方程的解，但他却从未将其发表，甚至连一张写有这一数字的草稿都没有留下。这一对地球年龄的估计，同时也暗示了太阳的年龄，不是几千年，也不是几万年，而是一亿年。在19世纪，这个数字对于天文学家来说实在是太大了，但是对于地质学家及支持进化论的生物学家来说又显得太小了。

没有免费的午餐

到19世纪中期，物理学家已经对热力学有了较多的认识，知道了物体的热学性质以及能量以热的形式从一个物体转移到另一个物体的规律，特别是了解到在自然系统中，热量总是从较热的物体转移到较冷

---

* 他的全名应为：让-巴蒂斯特·约瑟夫·傅里叶(Jean-Baptiste Joseph Fourier)，但通常都只称他为约瑟夫。

的物体，而不会颠倒过来。激发这些认识的力量部分来自工业革命时代作为能源的蒸汽机的发展。对蒸汽机的理解促进了热力学理论的发展，而对热力学的更多理解又导致了蒸汽机设计的进一步改进。这一新科学的重要特征——有争议地被看做是19世纪物理学的关键特征——就是对热力学第二定律的科学理解，该定律常被视作最重要的科学定律。它的意思，用日常语言来说，就是东西总会磨损，你不可能凭空得到什么东西，世界上没有免费的午餐。物理学家认识到，这条定律也可以应用于太阳（甚至整个宇宙），太阳也不可能为地球提供永恒的光和热。曾于1851年提出热力学第二定律的英国物理学家，后来以开尔文勋爵（Lord Kelvin）而闻名的威廉·汤姆孙（William Thomson）于1852年这样写道：

地球过去一定曾经有过一段时间，未来也一定会再次出现这样一段时间，在这段时间里地球并不适合现在的人类居住。

但是“这段时间”究竟有多长？许多人都为这个问题所困惑。思考最为深刻，给出想法最多的两个人就是英国的开尔文和德国的亥姆霍兹（Hermann von Helmholtz）。他们都认识到引力是最有可能的能源，开尔文采用了沃特森（John Waterston）于1853年提出的一个猜想，即太阳可能是通过不断遭受陨石撞击而释放出来的能量来维持其热度的。然而，他很快就发现，以这种方式释放的能量根本不够，即使把所有的行星都投入使用可能也不够。例如，即使把最靠近太阳的水星整个砸向太阳，所能产生的总能量也只能使太阳的热度维持7年的时间，即使把离太阳最远的大行星——海王星都算上，所产生的能量也不过维持两三千年而已。

开尔文在19世纪50年代剩下的时间里都没能解决这个问题，在这期间亥姆霍兹提出了新的引力方案。他于1854年提出，整个太阳可能是在收缩过程中以热的形式将引力能释放出来的。

这样一种过程超出了我们的日常体验,但还是易于理解的。想象一下,一大块像太阳那么大的石块碎成了许多小块,飞溅散开,然后又在引力作用下重新聚合在一起。当这些碎块碰撞时,它们释放出能量,就像陨石撞击地球表面释放出热量一样。使得这些碎块飞溅散开所需要的能量和它们重新聚合在一起释放出的能量是一样的。同样的原理也可以应用于原子之间,一团坍缩的气体云也能将引力能转变成热能并使得中间部分变热,这一热量又会产生一个向外的压力抵抗向内的引力作用,从而减慢坍缩的过程。亥姆霍兹并没有精确计算出要坍缩成太阳那么大的气体球将会释放出多大的能量,只是说可能会很大。这一思路使得开尔文于1860年重新回到这个问题上并最终解决了难题。* 他的结果在几年后得以发表。

这些计算只是表明像太阳这么大质量的物质云团通过坍缩所能释放出的总能量究竟有多少,开尔文在19世纪60年代还没有考虑到能量是怎样储存并在很长的时间里释放出来的。但他还是通过将此总能量除以今天太阳辐射能量的速率而推测了太阳的最大可能年龄。他的结论是,依靠引力能可以维持太阳以今天这样的释能速率发光约1000万至2000万年。考虑到他的计算可能存在高达10倍的误差,他在描述这一工作的文章中写道:

> 因此,太阳照耀地球的时间看来不大可能超过1亿年,几乎可以确信的是它不可能超过5亿年。未来,数百万年之后,很有可能地球的居民不能持续享有他们的生命所必需的光和热,除非在伟大的创世宝库里还准备了其他未知的能源。[11]

这一文章在达尔文的《物种起源》(*On the Origin of Species*)出版3年之

* 这一年正是达尔文出版《物种起源》的后一年,可能正是阅读此书使得开尔文重新思考了这个问题的时间尺度。

后才正式发表。达尔文曾是一个伟大的地质学家,后来才成为著名的生物学家,他受地质学家赖尔(Charles Lyell)的影响很大。赖尔关于地球年龄的研究——将其表面特征的形成解释为火山、风及侵蚀的过程——为达尔文提供了一个较长的时标,而这正是通过自然选择以形成今天多样生物的进化过程所必需的。达尔文在乘坐“贝格尔号”航行的过程中阅读了赖尔的地质学著作。在一封写给同事的信中,他这样写道:“我总感觉我的书有一半来自赖尔的思想,我一直都还没有充分表达我的谢意。”尽管如此,他实际上一直都在表示感谢,就如此例所示。在赖尔的影响下,达尔文计算了侵蚀的过程需要多长时间才能形成英格兰威尔德地区的白垩山脉和山谷,这也可以用于说明地球的漫长历史。通过赖尔等人的艰辛努力,已经很清楚的是,按照地质学的标准,威尔德地区在地质学上还只是一个年轻的区域,所以地球的年龄一定比达尔文的估计还要大得多。这是一个十分粗略的计算,按现代观点来看,一点都不荒唐。但在当时,这个数字却已显得十分巨大。开尔文是以十足嘲讽的姿态来引用它的:

那么我们该怎样理解这样一种关于“威尔德的侵蚀作用”需要3亿年的地质学估计呢?是因为太阳物质的活性高出1000倍从而迫使我们假设它们与普通实验室的物质大不相同,还是具有极端潮汐作用的狂暴海洋使得白垩峭壁的剥蚀速度比达尔文估计的每世纪一英寸要快上1000倍,哪一种情况更为可能呢?

开尔文在1862年时才38岁,但在整个19世纪剩下的日子里,他都一直坚持甚至强化了他所偏爱的那个大大小于地质学和进化论所要求的地球和太阳年龄的估计值。他的观点并非不合逻辑,按照那个时代的认识,没有免费的午餐,当时(19世纪)所知道的各种能源之中,引力能是唯一一种有可能长时间为太阳提供热量的能源。开尔文在算出太阳年龄只有大约两千万年之后,又采用地球来自陨石撞击而产生的熔融铁球的理论计算了地球的年龄。他使用傅里叶的方程和矿井深处的温度随深度而变化的测量数据做了计算，推算出的地球年龄为9800万年，这比他推算的太阳基本年龄大了许多，但是开尔文并不担心，因为这与他将要发表的更谨慎的估计值还是一致的。这一谨慎估计认为地球的年龄可以小至2000万年，大至2亿年。然而，随着时间的推移，他对太阳年龄的进一步计算导出了更小的数字，而与此相反，地质学家和进化生物学家发表的估计值却在朝着相反的方向增长。

1887年，开尔文在伦敦的皇家学院所作的一次演讲中最后完善了他的理论。那实际上是在亥姆霍兹1854年论文中提出的假说的基础上增加了很多新数据而最终形成的。最后得到的对太阳（及恒星）年龄的估计后来被人们称为开尔文—亥姆霍兹时标，它的基本猜想就是太阳在其自身引力的作用下缓慢收缩，并以热的形式将引力能缓慢地释放出来。

这也就是我在此前曾经提到过的一种图景，一大团气体云在自身引力作用下坍缩，其内部因为引力能转变为原子彼此撞击的动能而变得越来越热，核心更热。当这样一团坍缩的云团收缩到太阳般大小时，其核心温度将会达到数百万度，高温产生的压力可以抵抗住向内的引力，而其表面则可以维持数千度的温度。现代的天文学家们认为，恒星就是这样形成的，在原初分子云坍缩阶段经历的时间恰好就是开尔文—亥姆霍兹时标。

但是一旦原始恒星的内部变热，它的坍缩过程就显著减慢了。只要恒星的内部保持炽热，它就永远不会完全坍缩。当它冷却下来，压力减小，于是又会继续收缩。收缩又会导致引力能释放而变热，增加压力并减缓收缩。开尔文可以计算出太阳需要每年收缩多少才能释放出足够的能量，他的推算结果是每年50厘米，或者说每个世纪50米。这个量对于19世纪天文学家的测量技术而言实在是太微小了，却可以维持太阳持续发光2000万到3000万年。但是即使如此，也不可能维持更长时间了。开尔文的固执并没有随着年龄的增长而减轻。他于1889

年写道：

我认为，任何假设太阳光照耀地球的时间超过2000万年，或是指望未来还能拥有超过500万或600万年时间的想法，都未免太草率了。[12]

1897年，即被册封为贵族的那一年，他又将太阳和地球年龄的最佳估计调整为2400万年，他再次重申：

地球过去一定曾经有过一段时间，未来也一定会再次出现这样一段时间，在这段时间里地球并不适合现在的人类居住，除非曾经出现过或将会出现一种在当前已知物质规律条件下不可能出现的新的力量。

他在这里的"一段时间"就是指2400万年，他还是坚持反对地质学家和进化论者的观点。实际上，超出之前已知物理定律的"力量"已经被发现了，并将在20世纪改变我们对恒星的认识。

巨大能量的来源

1899年，美国地质学家张伯伦(Thomas Chamberlain)，作为对天文学家提出的时标问题的回应，在《科学》(*Science*)杂志上写道：

以我们现有的对太阳内部这种极端条件下物质行为的了解，能够保证其中不存在未知的能源吗？原子的内部组成有可能打开解决这个问题的思路。它们拥有复杂的结构和成为巨大能量来源的可能性并非不存在。还没有哪个化学家可以确证说原子就是最基本的元素，或者说它的内部不可能隐藏着巨大的能量。也没有哪个化学家可以……证明或否定太阳中心的极端条件不能将这种能量释放出来。

他是对的。实际上,随着1895年X射线的发现,改变天体物理学(以及其他科学分支)的革命已经开始了。

这个发现来自伦琴(Wilhelm Röntgen),当时50岁的他已是维尔兹堡大学的知名教授,正在研究一种真空玻璃灯泡中负电板(阴极)上发出的辐射(因此又被称为阴极射线)。我们现在知道这些"射线"实际上都是电子,但是直到1897年,J·J·汤姆孙(J.J. Thomson,注意不是那个开尔文勋爵)才发现电子的存在。伦琴发现当这些阴极射线轰击玻璃管壁时,被轰击的地方会发出另一种辐射,这就是神秘的"X射线"。这种辐射后来被确认为是一种像光那样的电磁波,但是波长要短得多。这个发现虽然很重要,但还没有违反当时已知的物理定律。来自阴极射线的能量在玻璃管壁上产生荧光,将部分能量转化成了X射线。但是下一步的发展就要让人们目瞪口呆了。

伦琴于1896年1月宣布了他的发现,随后激起了一波对荧光现象的兴趣,并提出了关于那些荧光材料在阳光照射下是否也会产生X射线或类似辐射的问题。巴黎的贝克勒耳(Henri Becquerel)接受了这个挑战。伦琴已经发现,X射线有一个显著的特点是可以穿透衣服、纸张,甚至肉体以及类似的物质。贝克勒耳研究了许多荧光材料,发现一些硫酸双氧铀钾盐晶体在阳光照射之后发出的辐射确实会使得照相底板雾化,即使这个底板被包裹在两层厚厚的纸中也一样。

为了更深入地研究这个现象,贝克勒耳准备了另外一个被双层纸包裹的照相底板,上方压上一个铜十字架,再在其上放置一个包含那种晶体的盘子,然后将整个装置放在碗橱里,想等天晴时把晶体拿出来做荧光实验。此时是1896年2月下旬,巴黎连日阴云。贝克勒耳对长时间的等待感到不耐烦了,冲动之下就把照相底板给显影了。令他惊讶的是,他看到了金属十字架的清晰轮廓。在没有任何来自太阳的能源、没有产生荧光的情况下,这些晶体竟然产生了能够直线传播且能使得底片雾化的辐射,可以穿透到除被金属块遮挡之外的任何地方。这种辐射后来被称为放射性,很快就被发现是来自贝克勒耳所用晶体中的铀——尽管纯铀并不会发出荧光。那年晚些时候,贝克勒耳在《法国科学院通报》(*Comptes Rendus*)中写道:“我们还无法了解铀是怎样产生了这么持久存在的能量。”这是一个比X射线更为令人难解的谜题,因为这个能量似乎是凭空出现的,违反了最基本的物理原理:你不能无中生有。伦琴的X射线可以认为是来自电子对玻璃管壁的轰击,荧光的能量则来自阳光,但是放射性现象的能量从何而来呢?

贝克勒耳的发现十分偶然,将其推向详尽研究的则是同在巴黎工作的玛丽·居里(Marie Curie)和皮埃尔·居里(Pierre Curie)夫妇。在极端困难(今天我们知道甚至十分危险)的条件下,居里夫妇确认并分离出了另外两种当时未知的放射性元素:钋和镭。他们与贝克勒耳一道因发现放射性现象而分享了1903年的诺贝尔奖。他们的故事已经家喻户晓,因此这里就不再细述了。重要的还是如何将太阳或恒星的年龄与皮埃尔·居里及其助手拉博德(Albert Laborde)在获得诺贝尔奖的同一年所做的计算联系起来。他们测量了在没有外来能源的情况下,隔离状态的镭样品所产生的热量。结果表明,每一克纯镭在1小时之内释放出的能量就能将1.3克的水从0℃加热到100℃,或是使得同一重量的冰块融化。一时间,看起来能量守恒定律就要被打破了。时年79岁的开尔文对此难以置信,坚持认为这个能量一定是从外部引入的,而且“一定是以太波为镭提供了能量”。这两个猜想都是不对的。实际上,要理解这一过程的理论基础还需等待一个在伯尔尼专利局工作的年轻助理技术员。但是在我介绍他之前,还是先把放射性现象的实验探索故事讲完吧。

卢瑟福(Ernest Rutherford),一个在剑桥工作的新西兰人,也在1903年测量了镭所释放出的能量,并继续他对于原子结构的研究。19世纪90年代晚期,卢瑟福在J·J·汤姆孙发现电子的同一个实验室(卡文迪什实验室)工作的时候还是一名研究生。他在那里帮助证明了X射线是一种电磁波,并开始研究贝克勒耳发现的辐射现象。他发现这个辐射有两个成分，分别被他命名为 α 射线和 β 射线。α 射线作用路程较短，可以被一张纸所阻挡，而 β 射线的作用距离较远，具有更强的穿透能力。他后来又确认了第三种放射性"射线"，称之为 γ 射线。更进一步的研究表明 α 射线实际上是一束与氦离子（氦原子在两个电子都已被剥离后的状态）相同的粒子流（这一发现出现于 1908 年，同年，卢瑟福获得了诺贝尔奖，距离氦原子在地球上被发现也才仅仅 10 年多一些），β 射线是快速移动的电子，而 γ 射线则是像可见光及 X 射线那样的电磁波，但是波长更短。

1898 年，卢瑟福离开剑桥大学前往加拿大蒙特利尔的麦吉尔大学，然后又于 1907 年回到英国曼彻斯特大学工作。在加拿大时，卢瑟福与索迪（Frederick Soddy）一起工作，发现当一个放射性原子释放出 α 射线或 β 射线之后（这一过程现在被称为放射性衰变）会转变成另一种不同的原子。例如，镭原子放射出 α 粒子之后会转变成氡原子。卢瑟福因此而获得了诺贝尔化学奖，获奖理由是"他对元素衰变和放射性物质之化学性质的研究"。这对卢瑟福而言颇有些讽刺意味，因为卢瑟福一向都很贬低化学，他曾经说过："所有的科学，要么是物理学，要么就像是集邮。"[13]但是他最重要的、本应该得到诺贝尔物理学奖（实际却没有）的工作，还在前方等着他。

卢瑟福和索迪还发现，与原子衰变相关联的放射性现象不会产生无限的能量。他们证明了这一过程存在一个特征时标。对每一种放射性元素而言，都会在某一特定的时间内衰减到样品原来一半的量。每一种特定元素的这一时间都是唯一的，后来被称为半衰期。在下一个半衰期时间里，又会有一半的放射性原子（即原始量的四分之一）被衰变掉，如此继续。相对于宇宙时标而言，镭的半衰期是很短的，仅仅 1602 年。无论开始时的量有多大，其放射性和由此产生的热量都会不断减小。* 这就说明放射性物质是很久以前因某种未知过程而建立起

---

* 镭能在地球上存在至今，是因为它还是寿命比它长得多的铀原子在衰变过程中的产物。

来的又一种能量宝库，就好像煤炭是一种将植物吸收的太阳光能量储存起来的有限能量宝库一样。

获得诺贝尔奖之后一年，卢瑟福在曼彻斯特大学指导盖格(Hans Geiger)和马斯登(Ernest Marsden)使用刚刚发现的α粒子去研究物质的结构。他们使用来自放射性物质的α粒子去轰击金箔，发现尽管大多数粒子都穿过了金箔，但仍有少量粒子似乎击中了什么实体而被反弹了回来。这一现象导致卢瑟福建立了他自己的原子模型：一个原子拥有一个极小的中心核，这个核包含了原子的大部分质量且带正电，外围则环绕着由带负电的电子组成的云，α粒子(此时已被确认为是氦原子的核)可以毫无障碍地穿越外围电子云。只有当α粒子偶尔与原子核迎头相撞的时候，才会发生偏折，因为原子核的正电会排斥α粒子的正电。这个发现完全值得授予诺贝尔奖。

当所有这些发展正在进行时，卢瑟福还抽时间思考了维持太阳和恒星发光的能源之谜。早在1899年，卢瑟福就指出贝克勒耳放射性能量的起源十分“神秘”，到1900年，当他在麦吉尔大学与麦克朗(R. K. McClung)一起工作的时候，就阐明了在放射性过程中，不同类型的射线分别能够携带多少能量。差不多就在同一时期，两名德国教师，埃尔斯特(Julius Elster)和盖特尔(Hans Geitel)指出，能源一定处于放射性物质内部，而不是来自外部。他们将放射性材料放入一些存放在矿井深处的真空罐里，远离各种可能的外部能源(例如太阳能)，发现它们的放射性没有丝毫减弱。20世纪一开始，他们就证明了在我们的周围(例如空气中和土壤中)，都有较低水平的自然放射性现象，其他的研究人员则发现岩石中也有放射性。这就引导乔治·达尔文(George Darwin，查尔斯·达尔文的一个儿子)和乔利(John Joly)猜想放射性至少可以部分解释太阳的热源。伦敦帝国学院的斯特拉特(Robert Strutt)则指出，地球内部存在诸如镭这样的放射性物质，可以为地质学时标那么长的时间提供所需要的能源。这些都发生在卢瑟福和索迪发现半衰期之前，但是斯特拉特已经十分接近真相了，因为长寿命的放射性物质的确为今天的地球核心提供了部分热量。

卢瑟福对这个问题保持了多年的兴趣。在居里和拉博德对镭产生的热量进行测量后不久，他就与巴恩斯(Howard Barnes)一起证明了放射性物质产生的热量取决于释放出来的α粒子的数目。很显然，这个热量是因为放射性产生的α粒子与其他原子(卢瑟福很快就发现实际上是其他原子核)碰撞，将α粒子的动能转化成了热能。基于这个发现，卢瑟福于1904年猜想放射性衰变可能可以解决地球年龄的难题。他在伦敦皇家学院的一次会议上发表了他的观点，开尔文作为资深科学长老也出席了会议：

> 我走进这个半黑的房间，注意到开尔文勋爵也在听众席上，很快就意识到我要遇到麻烦了，因为我的报告中最后一段关于地球年龄的观点与他的观点是对立的……我突然间灵机一动，指出开尔文勋爵之所以限制了地球的年龄，**是因为还没有发现新的热源**。这一带有预示口味的说法正好指向今晚所要关注的新事物：镭！瞧，那个老男孩冲我笑了！[14]

卢瑟福自然在这场争论中扮演了重要的角色，镭产生的热量可以维持太阳热量的观点在1904年广泛流传开来。紧随居里和拉博德的工作之后，英国天文学家威廉·威尔逊(William Wilson)在1903年7月的《自然》上发表了一篇文章，说明太阳物质中只需每立方米有3.6克镭，就足以供应它今天辐射出来的所有热量——尽管他当时还不知道有半衰期的问题。这也正是乔治·达尔文的观点，同样发表于《自然》，他十分谨慎地建议开尔文勋爵关于太阳年龄的时标应该扩展10倍至20倍，也就是大约10亿年。对于这个观点的主要反对意见的依据是，太阳的光谱研究并没有发现放射性元素(例如铀或镭)的踪迹。直到1905年，一个可能的终极放射性能源被发现了。

当然，这一发现来自爱因斯坦(Albert Einstein)的狭义相对论。著

名的方程 $E=mc^2$ 其实并未出现在这篇将狭义相对论引入世间的论文里。这篇论文的标题是《论动体的电动力学》(On the Electrodynamics of Moving Bodies),于1905年9月发表于《物理学年鉴》(*Annalen der physik*)。就在这篇论文发表的同一周,杂志编辑又收到了爱因斯坦的另一篇论文,只有3页,后来在1905年年底发表。在这篇论文里,他写出了狭义相对论的重要含义,即物质本身就是一种能量的储存方式,质量和能量是可以互相转化的——他在此论文中用 L 表示能量,而用 V 表示光速,所以即使在这篇论文里,我们现在所熟悉的方程形式还是没有出现。爱因斯坦的思考,包括他对放射性现象的理解,最早明白地出现在1905年夏天他写给哈比希特(Conrad Habicht)的信中:

> 关于电动力学论文的更多意义也出现了。相对性原理,与麦克斯韦方程组一起,要求质量成为表征其内含能量的直接量度,光也带有质量。在镭的情况下,应该能够观测到镭的质量显著减少。

一个更热的地方?

所以,太阳质量的逐渐减小应该可以解释它抛向空间之能量的起源。应用爱因斯坦的方程很容易就可以算出太阳每秒流失的质量约400万吨。这个数量按常人的标准来看已经是大到吓人,但是太阳自己的质量同样大得吓人,所以即使这样持续1万亿年,也只不过消耗其质量的百分之一而已。如果你相信爱因斯坦(当然并非每个人都如此),地质学和进化论的时标问题就算是解决了。进一步的问题是,太阳是怎样将其质量转变成能量的呢?

在这个问题上,理论跑在了实验的前面,需要更多的数据才能更好地理解太阳或恒星的中心究竟发生了什么。剑桥大学卡文迪什实验室的阿斯顿(Francis Aston)作出了关键性的实验发现。他研发了一种称为质谱仪的仪器,可以用于测量给定元素的原子质量。它的工作过程是，首先将原子变成离子，然后使生成的离子束在磁场中弯曲。对于给定的磁场强度，离子束弯曲程度取决于离子的质量。仪器可以使用一束离子，而不是单个离子，这是因为所有相同质量的离子弯曲程度都是一样的，所以整束离子弯曲程度揭示的恰恰就是单个离子的质量。阿斯顿因此工作而于1922年获得了诺贝尔奖。他用这一新仪器进行的第一个实验就是测量出氦原子的质量比4个氢原子的总和小了0.8%*。他对原子的测定结果使得用化学方法测定的数值更精确了，结果发现其他原子的质量也都接近于氢原子质量的整数倍（但也都略有偏差）。因此，关于其他原子也都是由氢原子所组成的观点被广泛接受了。这一观点随着卢瑟福1919年的发现而加强了，他发现通过用α粒子轰击氮的"靶子"，可以将氮原子核转变成氧原子核——一种元素变成了另一种元素。

爱丁顿刚刚收获了成功证实广义相对论的胜利，马上就抓住了狭义相对论背后隐含的深意。他在1920年8月于卡迪夫召开的英国科学促进会上发表演说，作出了天文学史上最准确的预见：**

只有传统的惯性思维才能让这个收缩理论苟活——或者说，不是苟活，而是成为未被掩埋的僵尸。如果我们决定要埋葬这具僵尸，那就需要先认清我们所处的研究状态。一颗恒星正在使用我们所未知的巨大能源库。这个能源几乎可以肯定就是亚原子能，它广泛存在于所有的物质中。我们梦想着有一天，我们将学会把这个能量释放出来为我们所用。如果可以开发出来的话，其库存几乎是无限的。太阳的能量足以维持至少150亿年的热量输出。……

阿斯顿证明了氦原子的质量小于组成它的4个氢原子的质量——在这一点上，化学家们都支持他。合成的过程中质量损失为1/120，氢

---

* 这就是本章标题数字0.008的含义。——译者

** 注意，在他的例子中，氦的原子量被定义为4，其他的原子量都是相对于它来做测量的。

的原子量为1.008,而氦的原子量为4。我不想再去重复他的优美证明,你们毫无疑问可以亲耳听他诉说。质量不可能湮没,这个短缺只能是对应于转化过程中释放的能量。我们可以马上计算出当氢生成氦的时候可以释放出多少能量。如果恒星开始时由5%的氢组成,逐渐地互相结合,生成更复杂的元素,那么释放出的总热量就足够我们的需要,我们已经不再需要寻找更多的恒星能源。

如果恒星的巨大熔炉的确是靠这种亚原子能来维持的,我们完全有可能提取其中的一部分来满足我们控制这一潜在能量为人类的福祉所用的梦想——当然,也可能被用于自杀。*

说这段话的时候,距离佩恩发现太阳和恒星的**大部分**由氢组成还有6年,而且那一观点要将近10年后才被完全接受。除此之外,爱丁顿已经全部击中要害了。然而,还有一个困难需要面对。

到20世纪20年代中期,当爱丁顿写作《恒星的内部结构》时,尽管人们已经十分清楚氢向氦的转变的确在原理上可以为太阳和恒星提供足够的能量,但问题在于,根据理论以及从氮转变成氧的实验,计算表明即使拥有数千万度的高温,太阳中心的温度仍然不足以将氢原子转变成氦原子。

要理解这个问题,一个简单的办法是考虑两个带正电荷的粒子之间的电斥力。氢原子核仅由一个带正电的质子组成。当它们彼此相撞时,因为彼此的电荷作用而相互排斥。粗略地说,为了实现这样一种转变(核聚变),两个质子必须实质性地相撞并合为一体。一旦这一过程完成,它们就会因为一种超过电荷作用的短程吸引力而束缚在一起(20世纪20年代的时候对此过程了解甚少)。物体越热,质子的运动越快,而运动速度越大,它们就越容易彼此靠近。但是物理学家告诉天文学家,太阳核心的条件还没有极端到可以使得两个质子彼此靠近到

---

* 爱丁顿的演说口吻颇像贵格会的教徒,第一次世界大战的恐怖清晰地浮现在他的脑中。

发生聚变的程度。爱丁顿拒绝了这种说法。他对他计算太阳核心温度所使用的物理定律充满信心,他也坚信氢聚变成氦是解释恒星长时间发光的唯一途径。所以,他在书中写道:"我们见到的氦,一定都是在某时、某地聚合而成的。"他反驳了对他的批评:"我们不同意那种认为恒星还没有热到可以发生这一过程的观点,让这么想的人去找**一处更热的地方**吧。"有些人把这看成是他要让他的批评者们"见鬼去吧"的表达方式。

爱丁顿既是对的,又是错的。对的是,氦的确是在太阳的内部由氢制造出来,并按照爱因斯坦的方程释放能量。错的是,他以为宇宙中所有的氦都是在恒星内部以这种方式生成的。但是在与当前主题相关的部分,他是对的。就在他写下这些文字的同一时期,由于另一个物理学分支的惊人发展,天体物理学家们终于得以从困境中被解救了出来。他于1926年7月在书的前言中写道:"书将付印之时,一种'新量子论'正在产生,它的全面发展很可能会对太阳的问题产生重要影响。"在这一点上,他真是百分之一百的正确。

量子危机

量子理论是在黑体辐射的研究过程中提出的,对于我们理解恒星和宇宙的本质都十分关键。它最早始于德国物理学家普朗克(Max Planck)在19世纪末期的工作。他对黑体辐射谱给出了这样一种解释:原子只能以一份一份的形式发射或吸收电磁辐射,包括光。* 普朗克很清楚地知道光的波动属性,所以他没有假设说光波只能以一份一份,或一串粒子的形式而存在。但是他认为是原子的某种属性使得它们只能以一份一份能量的形式与电磁波发生作用。直到1905年,爱因

* 这个简单的描述隐藏着普朗克的巨大努力。参见我的另一本书《薛定谔猫探秘》(*In Search of Schrödinger's Cat*)。

斯坦才提出单元形式的电磁波能量可能是真实存在的，每一个相应的粒子就被称为光子。正是这项工作使他获得了诺贝尔奖。他在1910年代的工作以及1920年代与玻色(Satyendra Bose)的合作都进一步加深了对光之粒子属性的理解。

所以，到1920年代中期，已经有很强的证据表明光的行为像是波动(特别是光波之间彼此互相干涉，产生衍射图样的实验，就像池塘水波的涟漪一样)，同时也有很强的证据表明光是由一个一个的粒子组成的(特别是光子可将电子从金属表面击出的实验)。1924年，法国人德布罗意(Louis de Broglie)提出了一个新的观点(用数学写出并得到了爱因斯坦的支持)，如果认为电磁"波"都必须拥有粒子的特性，那么所有的物质"粒子"，例如电子，也都应该拥有波动的特性。这一观点很快就被乔治·汤姆孙(George Thomson，J·J·汤姆孙的儿子)在英国，以及戴维孙和革末在美国分别独立进行的实验所证实。德布罗意、戴维孙和汤姆孙都获得了诺贝尔奖，可当时还只是研究生的革末被认为是戴维孙的"助手"而未被列入名单。一个事关量子本性的有趣现象是，J·J·汤姆孙因为发现粒子形式的电子而获得了诺贝尔奖，他的儿子则因为证明了电子是一种波而获得诺贝尔奖，他们都是对的。

所以，当1926年爱丁顿出版他的书时，已经很清楚所有的量子实体都同时具有波动属性和粒子属性。波大多被限制于一个极小的空间里，被称为"波包"。但即使这样，波包也比针尖一样的粒子(例如电子)要大得多，并使得最初被认为是一个小球的物体(例如α粒子)变成了模糊的一团。这一现象与海森伯(Werner Heisenberg)著名的不确定原理有关，但它距离我现在要讲的天体物理的故事太远，难以在这里讲得更细。此时比较重要的是，1928年，年轻的俄罗斯物理学家伽莫夫已经开始应用这些观点来处理核物理的重大难题了。

伽莫夫所解决的问题，初看起来，似乎是1926年爱丁顿所面对难题的反面。粒子是怎样通过一种名为α衰变的辐射过程逃离原子核的？它与相互吸引的强核力和彼此排斥的电荷力之间达成的平衡有关。它们组合形成了一种势阱，你可以将其想象成一个死火山口。你可以将α粒子或其他组成原子核的粒子想象成沿着火山口内壁旋转的小球。如果其中某个球（α粒子）转动速度够快（也就是具有足够的能量），它就可以滚上内壁，从其顶部逸出，然后从另一边滚下去。只要它到达了顶部，无论此时的速度有多慢，它都可以有足够的能量逃离火山口。也就是说，只要某个粒子克服了强核力的束缚，就可以被电荷力带走。

但是直到1920年代中期，所有来自理论和实验的证据都认为，根据经典物理定律（也就是在量子时代以前有效的定律），原子核里的α粒子是不可能有足够的能量来逃离原子核的。但是伽莫夫认识到了量子的规则可以改变这个状态。他指出一个波包的位置是不确定的，并不像一个球一样拥有一个明确的边缘。当α"粒子"靠近火山口的顶部时，这里的墙是最薄的。相对而言，如果波动已经足够大，就有可能越出环口并受到电荷斥力的影响。其结果就是整个波——或者说整个粒子——被拖拽着穿过了墙壁，这个过程被称为"隧道效应"。应用量子力学，就有可能计算出隧道效应在不同的原子核中起作用的方式，而且这个计算结果可以与实验观测相符合。

就像一幅卡通画的那样，一个电灯泡点亮了物理学家的头。如果α粒子能够用这种方式穿**出**原子核，那么即使经典理论说它们没有足够的能量，太阳或恒星的核心的温度不够高，质子们也有可能穿**进**原子核，制造出氦原子核，并释放出α粒子和能量。可以将其想象成两个波包靠得足够近，尖端重叠，从而感受到强力作用并相互紧紧地拥抱在一起。剩下的只是去解算这个过程的一些细节了。但是说远比做容易。伽莫夫的理论发表于1928年，在佩恩的工作获得广泛支持之前，最早试图解决这个难题的天体物理学家都因为固守恒星大都由比氢重得多的元素所组成的观点而被困住了。

第三章

7.65:制造“金属”

1928年的时候,物理学家对于氦原子核——α粒子——之组成的最佳猜测是4个质子和2个电子,依靠强力作用而紧紧束缚在一起。为了解释α粒子的质量,需要4个质子,但是这样一来它们就拥有4个正电荷单位,比α粒子的实际电荷数多了2个单位,所以就需要引入2个带负电,但是质量较轻的电子以使电荷符合实际。直到1932年,卡文迪什实验室的查德威克(James Chadwick)才发现了不带电的中子,其质量比质子略大一些。这一发现马上就使得人们认识到氦原子核应该是由两个质子和两个中子所组成,依靠强力作用束缚在一起,远离核心的外围还有两个电子,被电荷力维持在原子的体系里,同样遵循量子物理的规则。但是,对于质子们如何形成氦原子以及更重的元素——核聚变——的理解,实际在查德威克发现中子之前就已经取得了突破。

伽莫夫发现的隧道效应激发物理学家阿特金森(Robert Atkinson)和豪特曼斯(Fritz Houtermans)迈出了第一步,他们在1929年发表了论文,其中写道:“最近伽莫夫指出,即使传统理论认为它们的能量不够,带正电的粒子也仍然可以穿越原子核。”他们继续用数学方式描写一个重原子核怎样用这种方式一次性吸收 4 个质子*,然后再释放出一个完整的 α 粒子。他们的错误——如果你愿意这么认为的话——在于,以为太阳的组成与地球的组成类似:那里有足够多的重原子核,因而这样一种过程可以很容易地发生。他们没有认识到,当然那个时候谁也没有认识到,实际上解决问题的关键还是要依靠质子和质子之间的直接相互作用。但是这项知识的欠缺并不阻碍他们继续展开具体的计算,求出每秒需要进行多少核相互作用才能维持太阳的发光。结果是惊人的小,这就使得像太阳这样的恒星的潜在年龄可以相当的大。

对他们的想法作些更新之后,我们可以计算出即使在太阳核心的那种条件(按照现代的估计可达1500 万 K)下,也只有最快的质子才能穿越电壁垒。在不同的温度下,像组成太阳的物质那样的流体中的粒子是以不同的速度运动的,温度越高,平均运动速度越大。单个粒子的运动速度是围绕这个平均值分布的,有些快,有些慢,符合统计规律。有多少比例的粒子运动速度比平均值高 10%、20%,或是 2 倍等,都是可以计算出来的。运动最快的粒子被称为是位于分布的"高速尾端"。

对阿特金森和豪特曼斯的计算作些更新之后,就可以算出只需很少的核聚变就可以保持太阳发光。为了能在太阳内部让两个质子聚合成一个,它们必须几乎迎面互撞,并且其中一个的运动速度至少要达到平均速度的 5 倍,即处于高速尾端。大约每一亿个质子中才会有一个快到可以产生这个变化,每 10 亿亿亿次碰撞才会产生一次聚变($1/10^{25}$)。[15]平均而言,即使是在太阳内部一个接一个那么疯狂的宇宙弹子球碰撞游戏中,一个质子在140 亿年那么长的时间里也只有一次机会能在碰撞中与另一个质子聚合,然后参与进一步的相互作用以形成氦核。即使在太阳的核心,核聚变也是极罕见的现象。但是,太阳的核心有足够多的质子,每一秒钟仍然可以有 6.16 亿吨的氢核(质子)

---

* 以及两个电子,他们的模型出现在中子发现之前。

被转化成6.11亿吨*的氦核(α粒子),其中有500万吨的质量依照爱因斯坦的质能方程转变成了能量。太阳中有足够多的氢,所以可以用50亿年的时间以这种方式将其原始物质的4%转变成氦,地质学和进化论的时标"问题"从此化为乌有。

阿特金森(豪特曼斯此时已经转做别的工作去了)在20世纪30年代指出,两个质子聚变形成一个氘核(氘核由一个质子和一个中子经强相互作用束缚在一起),是制造氦元素最有可能的第一步。他是从较重的原子核开始计算的,但是到1936年的时候已经知道太阳有很多的氢,同样也已知道质子—质子反应是太阳内部核聚变的主要方式。这也是比较容易理解的,较重的原子核包含较多的质子,拥有较大的正电荷,因此电荷斥力也较强,使得靠近的质子更加难以穿透壁垒。后来证明,阿特金森和豪特曼斯提出的重核反应的确会在条件更为极端的其他恒星上发生。但是即使在1936年,人们对于太阳上究竟包含多少氢还是比较困惑的。

这一困惑的出现是因为一个巧合的研究结果使得20世纪30年代早期的天体物理学家们走进了一个死胡同。爱丁顿开创了用热物质球的物理学来研究恒星基本结构的计算方法,告诉天文学家它们的核心有多热主要取决于恒星的组成。将所有物质拉聚在一起的引力和包括试图吹散恒星的电磁辐射在内的所有压力之间达到了平衡。辐射压十分重要,因为辐射与带电粒子之间存在强烈的相互作用,而在恒星大气中的确有大量的带电粒子——带负电的电子和带正电的原子核。如果带电粒子过多,很多电磁辐射就会被束缚在球体内,辐射压迫使恒星膨胀。而如果带电粒子太少,辐射就会散逸出去,恒星就会像被刺破的气球那样变瘪。实际上,这在恒星刚形成时的确是可能发生的。如果它收缩,它就能得到更多的热量,产生更多的辐射以阻止它进一步收缩。但是,爱丁顿等人感兴趣的球体从整体来说都已经达到了平衡状态。

这种平衡还受到其他因素的影响,不仅与带电粒子的数量有关,还

---

* 原文误为611吨,特此纠正。——译者

与它们的组成方式有关。例如,最常见的铁原子组成方式是26个质子和30个中子。恒星所有的质子都集中于铁核中时产生的辐射平衡和所有质子都处于自由碰撞状态时产生的辐射平衡是不一样的,因为那种情况下,每一个质子周围都有一个电子环绕(在做自由运动,能与电磁辐射相互作用)。

中子被发现之后,需要考虑的关键因子就成了每个核子所对应的电子数目,这里"核子"是质子和中子的总称。如果恒星完全由氢组成,这个因子就是1,因为所有的核子都是质子,每一个质子对应一个电子。如果恒星完全由氦组成,每一个核子对应的电子数就是0.5,因为氦原子核中有4个核子,却只有两个是带正电的质子,所以为了保持电荷平衡只需2个电子即可。如果一颗恒星完全由铁组成,那么每个核子对应的电子数就是26除以56,即0.46。天体物理学家认识到太阳内部拥有大量氢之后,他们很快就对爱丁顿的计算进行了修改。

但是他们发现了一件奇怪的事情。计算表明一个太阳那么大的物质球,在其外部性质例如表面温度等都与太阳一样的情况下,可以存在两种平衡状态。一种平衡状态是它的内部有35%的物质以氢的形式存在,另一种平衡状态是它的物质组成中至少95%是以氢或氦的形式存在。以前天体物理学家曾经认为太阳的组成与地球类似,而现在他们被迫接受了这样的观点:太阳至少有三分之一的物质应该以氢的形式存在,这已经是他们能够接受的极限了。要让他们进一步接受太阳(或恒星)的95%由氢或氦组成的观念,在那个时代还是一个太大的思维跳跃。这一错误概念却是那个时代的主要观念,直到20世纪50年代才得以改变。但是这并没有阻止他们继续探索恒星是怎样通过将氢转变为氦而释放能量的,从而也可对恒星的年龄给出精确的估计。

聚变的循环反应与链式反应

伽莫夫此时又回到了我们的故事中。1938年,他在华盛顿特区组织了一个学术会议，天文学家和物理学家聚在一起讨论恒星内部的产能问题。贝特（Hans Bethe）是与会者之一，他是一位31岁的德国物理学家，与他的很多同事一样，在希特勒崛起之后移居美国。会议的一个重要议题是，在太阳内部已知的温度情况下，究竟什么样的核聚变过程能够产生足够多的热量，以维持太阳释放的稳定能量流。到1938年的时候，已经有很多实验证据告诉物理学家各种反应过程发生的快慢。例如，在一个极端的情况下，如果在太阳的核心有许多锂，它们就会迅速与氢核发生相互作用而转变成氦，产生的巨大能量可能很快就会将太阳吹散。而在另一个极端，如果太阳的大部分是由氧和氢所组成，那么氧核和质子之间的相互作用就会相当缓慢，恒星可能会进一步坍缩，继续加热直到激发更激烈的反应方式。难题其实就是要寻找一种可能的反应方式，就像金发女孩故事中熊宝贝的麦片粥一样"刚刚好"。

会议上没有谁能解决这个难题，但是伽莫夫在几个月之后出版的《太阳的生与死》（*The Birth and Death of the Sun*）一书中介绍说，贝特在从华盛顿返回他工作所在的纽约康奈尔大学的火车上解决了这个问题。这是一种典型的伽莫夫式夸张说法，但是贝特确实在回到康奈尔之后完成了具体的计算。几乎同时，1938年较早的时候，另一个在柏林工作的德国物理学家冯·魏扎克（Carl von Weizsäcker）也得出了类似的结果。然而，贝特进一步做了更多的关于恒星内部核聚变的工作，并于1967年获得了诺贝尔奖——"奖励他对于核反应理论的贡献，特别是关于恒星内部产能机制的一些重要发现"。冯·魏扎克则走了另外一条不同的路，最有争议的是，他在二战期间成了德国研发核武器的海森伯团队的成员。

这两个研究组的研究都涉及碳、氮、氧三个元素的原子核，以及质子之间的相互作用。20世纪30年代的时候，这个观点还处在婴儿期，因为那个时候大多数人还是认为太阳质量的三分之二是由比氢和氦更重的物质*组成的。这一模型又被称为碳循环、碳氮循环，或碳氮氧循

* 与其他学科不同，天文学家总是习惯于把比氢和氦重的其他元素都称为"金属"。

环(我个人偏爱这种说法)。我们对这个模型的理解在1938年之后已经有了一些小的发展(只是少量的一点改变)。以下介绍的是这个循环模型的现代版本。

为了更好地理解碳氮氧循环,你可能先要了解一点相关知识。首先,需要知道每个元素的化学性质是其原子核中的质子数目决定的,也等于环绕于原子核周围的电子云中的电子数:这也就是一个原子在其他原子面前表现出来的面貌。同一种元素也会有不同的构造方式,原子核里可能拥有不同的中子数,这就是同位素。在最简单的情况下,氢元素可以以单独一个质子的形式存在,也可以以一个质子和一个中子的形式存在(此时被称为氘,或重氢)。碳元素也有多种变体,每一个都有6个质子和6个电子。最常见的是碳12,每个原子核中有6个中子,共有12个核子。另一种是碳13,每个原子核中有7个中子。此外还有其他的同位素。

另外需要知道的是,一个中子可以转变成一个质子和一个很快就会高速逃脱束缚的电子。但是这并不意味着该电子存在于中子的"内部"。中子的质—能是通过一种称为弱相互作用的过程转变成质子和电子的。我们可将其类比为毛毛虫变成了蝴蝶,当然不能认为蝴蝶在变形之前就存在于毛毛虫的"内部"。类似地,质子也可以通过相反的过程转变成中子,要求是吸收一个电子,或是释放出一种称为正电子的粒子,它是电子的镜像物质(反物质的一个例子)。正电子发现于1932年,这也是为何对于恒星内部核聚变的理解迟至20世纪30年代末才得以完成的原因。

最后还有另一种粒子需要加以考虑,这就是中微子。它在将质子转变成中子,以及中子转变成质子的弱相互作用过程中起到了十分关键的作用。但是中微子的质量极其微小,也仅与其他形式的物质发生极其微弱的作用,所以尽管人们早在20世纪30年代就已经预言了它的存在,但是直到1956年才真正探测到它。这个探测结果以极高的精度宣告了理论的胜利。

现在,我们可以来讨论1938年之后对贝特理论的理解了。整个反应的过程开始于恒星核心的碳12,它通过隧道效应吸收了一个质子,变成了氮13的核。但是这个原子核是不稳定的,很快就释放出一个正电子和一个中微子,核中的一个质子则变成了一个中子,因此其自身就变成了碳的同位素——碳13。碳13又吸收了另一个质子,变成了氮14,然后再吸收另一个质子而变成了氧15的核。与氮13一样,氧15也是不稳定的,通过释放一个电子和一个中微子而衰变成了氮15,核中的质子再一次变成了中子。现在,最后的阶段到来了,氮15吸收了另一个质子,但是立刻释放出了一个α粒子——两个质子和两个中子,也就是氦4的原子核,剩下的就是碳12的原子核,它将作为一种催化剂而再次进入新的反应循环。这就意味着,无论天文学家认为恒星的组成是什么,你都只需要少量的“金属”就可以完成这个工作,因为整个过程中碳元素并不会被消耗掉。当然,会有许多的碳12核同时参与这样的核反应循环。这样一种循环的最后效果就是,每一次循环都会有4个质子被转变成2个质子和2个中子,也就是说4个氢原子核转变成了1个氦原子核,当然还有一些在反应中生成的电子和中微子,同时伴随而生的就是巨大的能量。*

这个过程还会产生一些有趣的副产品。我曾说过碳原子不会被用光,但是严格地说这只有在循环过程达到平衡时才是这样的。实际上有些反应的速度可能快于其他反应,那么较慢的反应就会导致一种水坝效应,使得某一种类的原子核累积起来,就像水坝后面的水流增长一样,直到前一个过程中制造的原子核数与“溢出水坝”并参与下一过程的原子核数之间达成一种平衡。由于反应速度的不同,只有各个元素之间满足这样一种相对比例关系时才能达到平衡:5.5%的碳12,0.9%的碳13,93.6%的氮14和0.004%的氧15。所以,即使一颗恒星开始时根本没有氮元素,它也会迅速增加并成为在碳氮氧循环中起主

* 原子核的一小部分会参与其他的相互作用,这里无须详述。

导作用的成分。这是因为氮14转变成氮15的速率远远低于氧15转变成氮14的速率。所以,碳氮氧循环是宇宙中氮元素极为重要的来源——包括我们所呼吸的空气中的氮。空气中的氮曾经就是恒星内部碳氮氧循环的一部分,在恒星死亡之后留存了下来。

贝特的精彩思想中只出现了一点点小问题,尽管计算表明这些相互作用可以在太阳内部已知的温度下进行,它们可能还是太罕见了(因为这里需要快速运动的粒子,而它们都处于高能的分布尾端),难以提供大量的能量。然而,碳氮氧循环在那些比太阳大得多、温度也高得多的恒星内部,的确是高效的主要产能过程。这一碳氮氧循环的缺陷(与太阳有关)在1938年的时候还不是很清楚,但是大约10年之后,贝特和他的同事克里奇菲尔德(Charles Critchfield)推导出了另一种能源的产生方式,这种能源将被证明才是太阳的主要能源。他们直接从阿特金森关于两个质子聚变的发现入手,认为这才是太阳内部最可能的核聚变反应。这种反应被称为质子—质子链式反应(p-p链式反应)。

p-p链式反应开始于两个快速运动的质子当头相撞,通过隧道效应而靠得足够近,强力作用超过了电荷斥力而将它们束缚在一起。结果就是两个质子之一变成了中子,形成一个氘核,同时释放出一个正电子和一个中微子。下一个阶段是另一个质子撞进了氘核,产生了氦3(两个质子加一个中子)。最后,两个氦3的核彼此相撞并聚合,几乎是立刻弹出两个质子,而留下一个氦4的核(两个质子加两个中子)。*正如碳氮氧循环一样,总的效果是每一次都是4个质子转变成了1个氦4的核,并伴随能量的释放。

重要的是,p-p链式反应可以在太阳这样的内部温度下达到足够高的效率,因而可以维持太阳的能量输出。这两种将氢转变成氦的核

---

* 有一小部分氦3的核实际上会卷入其他更复杂的反应,但是它们只是碳氮氧循环的一个附属部分,这里就没有必要关注其细节了。

反应过程都被天文学家称为氢"燃烧",当然这并不是日常生活中因为与氧气的化学反应而产生的那种燃烧(例如氢和氧的燃烧可以生成水)。核"燃烧"释放的能量比化学燃烧多得多。对于质量至少大于太阳质量的1.5倍,核心温度高达2000万K的恒星来说,碳氮氧循环是主要的能量来源,而对于太阳这种核心温度仅为1500万K的恒星而言,p-p链式反应的效率相对较高,但是这里要注意的用词是"相对"。如前所述,太阳内部也只有几亿分之一的质子可以有足够快的速度以引发链式反应,而且即使是这些快速运动的质子也不是每次碰撞都会引起聚变。但人们对太阳大部分由氢组成的认识是逐渐形成的,因而天文学家还需要较长的时间来思考这些问题。于是地质学家就有机会说:"让我们来告诉你吧。"

岩石测龄

根据现代对太阳组成和p-p链式反应释放能量的理解,像太阳这样初始就由大部分氢组成的恒星,可以长期稳定地发光,但在足够多的氢转变成氦之后,它的结构和外貌也将随之而改变。计算表明太阳也存在一个生命周期,大约100亿年。时标问题已经消失了,但是太阳在这个100亿年的生命中已经走过了多久?地质学家和放射化学家就此出现在我们的故事中了。

卢瑟福和索迪在放射性方面有两个重要发现,其一是一种元素可以转化成另一种元素,其二则是发现每一个放射性元素都有独一无二的衰变时标,称为半衰期。每一个放射性元素的衰变过程产生的元素也是独一无二的,称为衰变产物。其中一些衰变产物自身也具有放射性,所以还会引发进一步的衰变。当我们在实验室里对放射性过程已经有了足够的研究之后,就有可能从自然界中取回一些材料样本,例如一个石块,通过测量其中衰变产物的比例,就可以推测很久以前曾经有过什么样的元素,即使这个元素已经全部衰变殆尽也没有关系。在适当的条件下,现在甚至可以推算出那个原始的放射性元素存在于多久以前,也就是说可以求出这块岩石已有多大的年龄。

有些放射性元素的半衰期很短,今天在地球的自然环境中已经很难找到它们,而有些放射性元素,例如铀和钍,则拥有很长的半衰期,即使它们从地球形成时就已开始衰变,至今也仍然具有容易被测定的数量,(我们现在知道)地球就是在上一代恒星的废墟中形成的,那些放射性元素也是在上一代恒星的熔炉中制造出来的。如果一块岩石中包含有原始铀元素和衰变产物,那么测定每一种元素的含量就可以解算出岩石的年龄。重要的是每一个衰变形成的元素(例如铅)与残存下来的放射性元素(例如铀)的比。这个技术的妙处就在于它与现存材料的具体数量无关,只要有足够的量可供测量即可,重要的是衰变生成的各种元素数量的相对比值。结果得到的年龄实际上还与这个岩石样品的形成方式——例如火山活动——有关,但是无论如何,地球自身的年龄必须大于任何一块用这种方式测定的古老岩石的年龄。

这一方法是在20世纪初期由卢瑟福提出,并由美国化学家博尔特伍德(Bertram Boltwood)发展起来的。早在1904年,索迪就与伦敦的拉姆齐合作测量了铀衰变产生氦的速率。那个时候还在加拿大工作的卢瑟福就认识到这是α衰变的实例,衰变产生的α粒子(也就是氦原子核)捕获周边的两个电子就形成了氦原子。他取了一些铀矿的样品,测量了岩石中剩余的铀和产生的氦的含量。他作了乐观的估计,假设岩石中的氦自产生以来都没有逃逸出岩石,那么他就可以计算出这一块岩石的年龄。他得到的结果是4000万年。但是卢瑟福也清楚地知道这只是这块岩石的最小可能年龄(也是地球年龄的一个指标),因为在这么长的时间里,一定会有一些氦已经散逸出去。无论如何,这已经是放射性年龄测定技术的开创性工作了。

卢瑟福于1904年在耶鲁大学作了一个介绍这一工作的报告,博尔特伍德深受启发,他知道铀的衰变不只产生氦,还会产生镭,他于1905年又发现镭还会衰变成铅。通过测量这一从铀到镭再到铅的衰变系列中各个元素的含量之比，他就可以估算出不同的岩石样本的年龄。他的第一次估算工作完成于1905年，结果得出了一个从9200万年到5.7亿年的范围。不幸的是，这些年龄测定都是错误的，因为它们都是基于有缺陷的测量和对镭之半衰期的不准确估算。但是到了1907年，这些初期的问题都已被排除了，人们得到了各种样品的可靠年龄估计，分布范围从4亿年到令人吃惊的20亿年，超出开尔文时标10倍以上——尽管已经遭到了乔治·达尔文的质疑，开尔文时标当时还是天文学家的主流采用值。然而，正如许多类似的突破性工作所遭遇的情况一样，大多数地质学家都怀疑这些数值，随着卢瑟福和博尔特伍德各自转向别的工作，放射性年龄测定工作不再受到重视，直到英国物理学家霍姆斯(Arthur Holmes)的艰苦工作为其重新建立了无可争议的可靠性。

霍姆斯1907年进入伦敦皇家科学学院学习。在本科生研究项目的最后一年，他测定了一块来自挪威的泥盆纪岩石的年龄，得到结果为3.7亿年。毕业之后，霍姆斯作为地质学家在莫桑比克工作了6个月，以偿清他在学生时期欠下的债。之后他回到了皇家学院(此时已经变身为帝国学院)并于1917年获得了博士学位。然后，他以地质学家的身份在缅甸一直工作到1924年，此后他又回归学术生活，先后在英国杜伦大学和爱丁堡大学担任教授。作为一本富有影响力的教材《物理地质学原理》(*Principles of Physical Geology*)的作者，以及大陆漂移学说的早期支持者，他已跻身20世纪最有影响力的地质学家之列。

他在帝国学院做研究期间，用铀—镭—铅的方法测定了许多岩石样品的年龄，发现最老的岩石年龄可达16亿年。他还于1913年第一次将放射性测年技术应用于化石，第一次确定了化石样品的绝对年龄。由于他使用既困难又乏味但却十分精确的技术，逐渐积累了足够分量的证据，地质学界终于开始慢慢地接受地球年龄的巨大数值。1921年，在英国科学促进会举行的年会辩论中，众多地质学家、植物学家、动物学家和物理学家达成了共识，同意地球的年龄至少在10亿年以上，放射性测年方法也确实提供了测定其年龄的最佳方法。5年以后，一份来自美国国家科学院国家研究委员会的报告承认了这一方法和测定结果，正式称其为“放射性时标”。

自那以后，不断完善的测定方法将最古老的地球物质样品（来自西澳大利亚的一小块锆石晶体）的年龄推到了44亿年。这也和人们从陨石（从外太空坠入地球的石块）中获得的最古老样品测得约45亿年的年龄数值高度相符。陨石通常被认为是来自太阳和太阳系形成过程中的残余物，因此众多证据都表明太阳和它的行星家族，包括地球，都形成于大约45亿年前。这就意味着，太阳作为一颗以氢燃烧为主要能量来源的恒星，也才大约走过了其生命周期的一半。然而，为我们提供放射性时标的这些原始放射性元素又是从哪儿来的呢？正如我之前已经提到过的那样，它们来自恒星的内部，但是直到20世纪50年代，人们才真正搞清楚它们的来历。

从原子弹到恒星

人们对碳氮氧循环和p-p链的认识在20世纪30年代就开始了，那时第二次世界大战还没有爆发。尽管在战争期间，“纯”科学的研究退居二线而让位给为战争服务的应用科学，但是在战后，天文学家们对恒星内部核反应过程的理解却有了快速的进步，重要的原因是在原子弹项目的研究中对原子核相互作用的研究取得了许多成果。* 在这一发展过程中起到重要作用的是霍伊尔，他那时还是剑桥大学的年轻研究人员，在战争期间主要参与英国海军部的雷达工作。有一个示例可以充分说明霍伊尔的个性特点，他在1936年21岁时毕业之后，尽管已经具备了获得博士学位所需要的各种条件，却不愿为此而去完成各种官僚程序。** 他于1945年已经成为剑桥大学的数学讲师，却还是保持

* 当然，原子弹实际上是核子弹，但要改变这个已经广为人知的名字已经太晚了。

** 按照霍伊尔自己的说法，保持一个学生的身份可以避免为他那时已经获得的一些奖励收入交税。

平实的"先生"称呼,直到1958年才获得教授的任命。要是今天就不会发生这样的事!

1944年秋天,霍伊尔作为与其雷达工作有关的海军部官方成员之一访问了美国和加拿大。他设法顺道去了一趟加利福尼亚州的威尔逊山天文台,以图了解最新的天文学研究进展,并遇到了多位与原子弹项目相关的科学家。尽管他们都被禁止讨论他们的工作细节,但是凭借其科学功底和敏锐的大脑,霍伊尔已经从他们获准进行的谈论中获得了许多很好的思想。回到英国后,霍伊尔利用圣诞节至新年短暂离开工作的期间回顾了他在旅行中的收获。从加州的天文学家巴德(Walter Baade)那里,他获得了关于剧烈恒星爆发事件,即超新星的最新理论。通过与核物理学家的会面,他从他们未说出的话中推测出,只要通过一种被称为内暴的方式使钚材料剧烈压缩,就可以引发钚弹爆炸。最简单的想法就是钚的外面包裹着一层爆炸物质,可以将剧烈的冲击波向内传递,挤压钚核直到它们以快速裂变的方式"裂开",从而释放出巨大的能量。

霍伊尔在思考超新星爆发是否也是类似的过程,当氢燃烧停止时,大质量恒星在其自身重力作用下坍缩而引起的内暴,产生一波核相互作用,并将恒星炸飞。他能够大致计算出这样的过程可以释放出多少核能,以及不同的温度条件下这种爆发能够产生不同元素的相对比例。下一步就是将其结果与真实的观测去作比较。

1945年3月,霍伊尔找了一个机会去访问剑桥大学,寻找地球上不同元素的丰度数据,他猜想除了缺少氢和氦之外,地球的组成应该可以大致代表宇宙的组成。当他把数据画成图时,他发现存在一种越重的元素丰度越小的总趋势,但在铁元素及与其相关的"铁族"元素那里却出现了显著的峰值。如果恒星爆发时的内部温度达到数十亿度,而不是数百万度,那么他的计算就是与此相符合的。战时的条件推迟了这一发现的发布,该成果直到1946年才以《从氢开始的元素合成》(The Synthesis of the Elements from Hydrogen)为题得以发表。霍伊尔那时已经根据他自己的理论确信恒星大部分都是由氢组成的——他是第一批完全理解这个事实的天文学家之一。要完成这个故事当然还有很长的路要走,但是这已经开始了对组成我们的物质元素从何而来的正确理解,他已经知道我们来自星尘。霍伊尔在伦敦的皇家天文学会上作报告时,玛格丽特·伯比奇[Margaret Burbidge,当时还叫玛格丽特·皮奇(Margaret Peachey)]是听众之一。她这样回忆了当时的情况:

听了霍伊尔的报告,我坐在皇家天文学会的礼堂中沉思,体验到一种惊人的感受,无知的面纱正被掀起,一道亮光照亮了伟大的发现。[16]

尽管还要十多年的时间来最终完成这个任务,但是1946年在历史上仍然具有重要意义,因为它出现于霍伊尔被卷入稳恒态宇宙理论之前。尽管正是大爆炸理论难以解释重元素的来源才导致20世纪40年代出现了稳恒态理论,但是霍伊尔关于恒星核合成的研究工作出现于前,是独立于稳恒态理论的。

排名最末,贡献第一

霍伊尔的理论并没有很快得到宣传——事实上,它几乎被忽略了。战后,他自己忙于确立他在剑桥大学担任讲师的身份,也没有立即跟进这个思路。他产生了一个重要的想法,成为理解普通恒星在以或是爆发,或是不那么壮观的方式死亡之前怎样进行核合成的关键,然而当他准备落实这个想法时,却被一个意外事件给耽误了。他作为讲师的职责之一是指导研究生们为获得博士学位而工作(尽管从技术上而言,他自己都还没有获得博士学位)。* 这个角色的一个任务就是给他的学生提出研究问题的建议,1949年他就让一名学生顺着贝特提出的将

* 霍伊尔的一名研究生后来成了我的导师,所以我可以算是霍伊尔的"徒孙"了。

氢转化为氦的工作思路,进一步研究在普通恒星内部,也就是温度远低于霍伊尔曾经在超新星物理中假设的情况下,如何将氦转变成碳。

这是一个十分有趣的问题,因为那个时候已经知道核子数为4的倍数的元素相对较为普遍。这其中就包括碳12和氧16。看起来好像原子核都是由氦4核互相粘合而成的。第一步是将两个氦4粘合在一起形成铍8,然后再结合一个氦4形成碳12,等等。这种“氦燃烧”的过程和氢燃烧一样也会释放能量,但是要稍少一些。面对这样一个需要考虑到氧为止的整个核反应链上的反应速率的计算任务,他的学生感到力不从心而放弃了。但是这个学生并没有取消其博士生的注册身份,因此按照规则,在他正式宣布放弃并保证不再重新考虑这个问题之前,霍伊尔不能自己来求解这个问题,也不能将其交给其他人。1952年,其他大学的天文学家[康奈尔大学的萨尔皮特(Edwin Salpeter)]也独立地开始了对这个问题的探索。

元素形成于恒星内部的思想逐渐流行起来,天文学家们开始测定恒星的年龄(下一章的重点)并发现年老恒星拥有的重金属含量(或者按天文学家喜欢的术语称为“金属丰度”)普遍低于年轻的恒星。一个比较自然的解释就是年轻的恒星沾染了老年恒星内部产生的“金属”,因为它们死亡之后会将这些元素撒入星际空间。看起来好像是老天在逼着霍伊尔必须抢先去做,然后他就时来运转了。那个不服从的学生最终离开了,霍伊尔也于1953年初受邀访问了加州理工学院和普林斯顿大学。他安排了一个有关恒星核合成的讲座,并开始计算其中涉及的反应速率。他很快就发现,碳以及所有比碳更重的元素,都只能在恒星内部十分特殊的条件下才能生成。

问题在于铍8是不稳定的,很快就会分裂成两个氦4核(α粒子)。在两个氦4核相撞形成铍8的短暂生存时间里,可能会遭到另一个α粒子的轰击,铍8是如此的不稳定,以至于这个冲击更可能会使得它分裂,而不是结合成碳12。然而,如果假设它是稳定的,那么形成碳12的过程就会太快以至于导致恒星爆发!进退维谷之间,霍伊尔在没有碳和太多碳之间找到了一个平衡的途径,他指出碳 12 有一个被称为"共振"的性质,与其相对应的特殊能量是 765 万电子伏(7.65 MeV)*。

一个原子核,可以存在于具有最低能量的基态,也可以吸收某一特定的能量(正如亚原子世界常见的那样,能量也是量子化的)后跃升到另一个能级。那个被"激发"的原子很快还会以发射 γ 射线的方式甩掉这些能量,同时回到基态。能级就像楼梯的一级级台阶,原子核在适当的刺激作用下可以从一个台阶跳到另一个台阶(先是向上,然后再向下,就像一个小孩在楼梯上玩耍)。霍伊尔的直觉是,如果(而且仅有这种情况)碳 12 的能级楼梯中有一个台阶的能量等于铍 8 核和氦 4 核的结合能,那么铍 8 核和氦 4 核相撞后就会形成激发态的碳 12。这就好像将一个球从楼梯的底部抛起,如果速度恰当就会刚好停在比它高的台阶上而且在自然滚下楼梯之前不会反弹。这就是霍伊尔预测的 7.65MeV 共振。如果这种共振确实存在,铍和氦的相互作用就会形成激发态的碳核,随后释放出多余的能量而回到基态。如果共振现象不存在,那么就不会形成碳原子,由于我们都是碳基的生命,那么我们可能也就不存在了。

尽管还没有实验证据表明这种碳 12 的激发态存在,但是霍伊尔坚信它一定存在。他在加州理工学院访问的时候将其计算结果交给了美国实验物理学家福勒(William A. Fowler),并征询他能否做实验检测是否存在这样的能级。福勒认为这个想法是荒谬的,但是霍伊尔还是设法说服了他。福勒后来告诉我说,他之所以同意做实验,"目的只是为了让霍伊尔从此闭嘴走开"。** 霍伊尔说,福勒的团队[还包括著名的

---

* 本章标题的数字来源于此。——译者

** 我认识这个故事中的每一个角色,但是作为 20 世纪 60 年代末至 20 世纪 70 年代初剑桥大学的一名初级研究人员,我从来也没有试图去调查更多我想知道的情况。福勒是我的博士论文的两名审查人之一,另外一个是麦克雷,第一个认识到太阳的主要成分是氢的科学家之一。幸运的是,伯比奇、福勒和霍伊尔后来都接受了克罗斯维尔(Ken Croswell)的采访,他们关于这个问题的科学洞见都被写入了《天空中的炼金术》(*The Alchemy of the Heavens*)一书的第九章。

惠林(Ward Whaling)]用了10天的时间证明了他是对的,这与他们的预期相反,但要得到更可靠的结果还需要3个月。[17]最终结果证明霍伊尔的理论是对的。

这是一个极其重要的发现,其意义无论如何估量都不为过。从碳的存在——当然也就是我们的存在——这一事实出发,霍伊尔预言了它所必需的重要性质,这为人们完全理解恒星内部元素的产生机制打开了大门。霍伊尔甚至在1953年春离开加州理工学院时就已经完成了这一步,主要成果已写入将于1954年发表的论文初稿中,其标题是《I. 从碳到镍的元素合成》(I. The Synthesis of Elements from Carbon to Nickel)。但是后来却再没有论文"Ⅱ"了。事实上,他在1957年的时候就已经和福勒以及杰弗里·伯比奇(Geoffrey Burbidge)和玛格丽特·伯比奇夫妇一起合作,以一个史诗般的杰作完成了整个故事,加拿大人卡梅伦(Alastair Cameron)也同时独立地完成了类似的工作。这篇论文的作者按照英文字母排序为:伯比奇、伯比奇、福勒和霍伊尔,所以后人称之为"B^2FH"。福勒后来于1983年获得了诺贝尔奖,主要就是因为这项工作。福勒自己私下里也承认,这个奖应该是给霍伊尔的,他之所以错失此奖有可能是因为他曾经公开批评过诺贝尔奖委员会的一些决定,可能在一定程度上遭到了报复。[18]之前从未出现过这种情况:论文排名最后,却反而是科学发现最重要的第一人。但那已经是无法改变的过去了,重要的是这个团队洞察了恒星的工作原理。

星 尘

这里不适合深入讨论细节,[19]但是简单描述一个大致的轮廓还是很有必要的。这个故事开始于一些质量比太阳大很多的恒星——太阳的质量还不够大,其条件还无法形成比碳重的金属。类似太阳这样的恒星只能以氢燃烧的方式维持其能量输出,遵从第一章所描述的质量—光度关系,处于所谓的主序阶段。当它们核心的氢燃料殆尽时,就无力抵抗引力的作用而开始收缩。这一收缩过程产生的引力能使得星体的中心变得更热，当温度达到大约 1 亿 K 时，就将引发从氦转变成碳的反应，使得恒星再度进入稳定状态直到氦的燃料也被耗尽。当可用的氦也被耗尽时，恒星将再次收缩，对于太阳以及更小质量的恒星而言，故事到此就结束了，恒星的命运将终止于一个以碳核为主（有些可能会形成氧核，因为氦燃烧的过程中也会产生氧）、不断冷却的气体球，其外围是氦核组成的壳层和一层薄薄的由氢组成的大气。这样的恒星将变成一颗白矮星，其大小约与地球相当，质量比今天的太阳略小一些。

但是对于大质量的恒星来说，在氦燃烧之后，进一步的收缩和温度的升高将会引发更进一步的核燃烧。这一过程变得越来越复杂，产生越来越重的原子核。那些并非 α 粒子整倍数的原子核也将通过吸收周围的中子和释放正电子而产生，由此可以知道为何 B^2FH 理论要经过多年才得以完成所有的细节，以及为何能够产生氮 14 这样的原子。广义地说，碳燃烧（发生于 5 亿 K 的温度）会产生氖、钠和镁，氧燃烧（发生于 10 亿 K 的温度）则会形成硅、硫和其他元素。这些产物中最重要的是硅 28，因为它会通过一系列复杂的反应过程转变成铁。但是所有的反应都将停止于铁元素和与其接近的镍元素。铁 56 是质子和中子的最稳定组合，每个核子的能量最小。

然而，每一个核反应阶段产生的元素都不会被下一个阶段的燃烧所完全耗尽。每一个核燃烧阶段（在最初的氢燃烧阶段之后）都将发生在围绕核心的一个壳层中，整个结构就像洋葱一样（也是霍伊尔最早给出了这个比喻）。所以在一颗大质量的年老恒星中，铁核的外面依次包裹着硅燃烧层、氧燃烧层、碳燃烧层、氦燃烧层和氢燃烧层。以及其他各种核燃烧过程的副产品。敏锐的读者肯定已经注意到上面的描述中似乎还缺少两种情况——非常轻的元素和非常重的元素。

宇宙中的氦比恒星中所能产生的氦多得多。根据伽莫夫等人的工作，一个显然的解释就是来自大爆炸。然而霍伊尔偏爱他的稳恒态宇宙模型,因此不得不考虑其他的可能性,他把这个解决科学难题的过程称为“隔离操作”(compartmentalisation)。他告诉我说,他希望走出一条不受已有概念束缚和其他领域偏见影响的研究路线。其结果之一是,尽管他自己从未放弃过稳恒态理论,他却为大爆炸理论提供了若干关键证据。首先是他与泰勒(Roger Tayler)在20世纪60年代早期的合作研究(发表于1964年)详细地计算了如果存在大爆炸,那么在那种情况下宇宙中会有多少比例的氦是由氢合成的。然后他又将注意力转向了其他轻元素。锂、铍、硼都是极易在恒星核心的高温中被摧毁的轻元素,但是在恒星的大气中又的确检测到了它们的存在。B^2FH理论还没法解释这种情况。进一步的研究表明铍和硼是通过重原子核与一种名为宇宙线(部分来自超新星爆发)的高能粒子的相互作用,在新生恒星诞生的星际云中产生的。但是在1967年的时候,霍伊尔和瓦戈纳(Robert Wagoner)以及福勒一起证明了氘和锂可以在大爆炸的条件下产生与实际相符的相对比例。这一工作给我的影响极大。我还是萨塞克斯大学理科硕士生的时候曾访问剑桥大学,听取了瓦戈纳关于这个主题的一个报告。在那之前,我还认为大爆炸理论和稳恒态理论对宇宙来源的解释同样有效,但是听了那次报告之后,我就很不情愿地放弃稳恒态理论了。

重元素的问题没有那么被重视,即使在1957年的时候也是如此。制造更重的元素与内暴(让霍伊尔首先想到恒星核合成的超新星爆发过程)产生的能量输入有关。尽管还需要计算更多的细节,但是总的概念图像已经清楚。恒星内部产生的元素在爆炸过程中被抛入太空,或者对于质量较小无法引发爆发的恒星而言,是老年恒星以较温和的方式抛出外壳层。结果就是在氢和氦为主的星际云中混合了各种新产生的物质原料,将来在这里就会形成新的恒星、行星,并至少在某种情况下,最终形成人。

“最终”是一个很关键的词。如果我们的太阳和太阳系的原料的确是以这种方式产生的,那么就意味着之前至少已有过一代恒星完成了生命周期并将其产生的原料洒向了太空。太阳已经45亿岁了，所以宇宙的年龄至少还要比它大几十亿岁。到20世纪50年代中期，恒星的年龄已经说明宇宙学家必须更新他们关于宇宙年龄的观点了。事实上，恒星时标所设定的界限比起现成的粗略估计要有效得多。

第四章

13.2:恒星的年龄

测量恒星年龄有两种方法。一种方法是依赖于人们对恒星怎样随年龄增长而改变之过程的理解,这一过程按天文学家喜欢的术语也叫做"演化"。* 另一种方式是将博尔特伍德和霍姆斯开创的放射性测年法从地球岩石扩展到恒星。这两种方法都是20世纪初发展起来的,然而恒星演化的方法更早成熟,自有其值得骄傲之处。它首先起始于两个天文学家独立地发现了恒星的温度(或者说颜色,前已说明两者其实是一回事)和它的亮度之间存在的关系,这一关系可用一种关系图的形式表示出来,后来成了天文学中最重要的工具之一。

赫兹普隆、罗素与赫罗图

这两个天文学家中的第一个是赫兹普隆(Ejnar Hertzsprung),他是一个丹麦人,他接受的是化学工程师的培养,但却对天文学发生了极大

* 天文学家经常不顾其他学科的习惯,任性地使用"演化"一词,不仅用于恒星的生命周期,还进一步将其扩展到星团、星系,甚至整个宇宙。我谨代表他们向对生物学家的冒犯表示歉意。

的兴趣,从 1902 年开始进入哥本哈根大学的天文台工作,后来他的声望不断增长,德国的格丁根天文台于 1909 年向他提供了一份新的工作。另一位是普林斯顿大学毕业的美国人罗素,曾经因为怀疑而试图劝说佩恩放弃她关于太阳组成的发现。赫兹普隆于 1905—1907 年期间发表了他所发现的恒星亮度与颜色之间的关系,但是发表的期刊是天文学家一般都不关注的摄影期刊,所以没有人注意到他的发现。罗素在稍晚一些时候也发现了类似的规律,但是于 1913 年将其发表在了一份天文学家常用的期刊上,而且关于这一规律的见解也比赫兹普隆更为全面。后来人们还是承认了赫兹普隆的贡献并将其名字置于前面。所以在这个例子中(与 B^2FH 不同),这个顺序既是字母顺序,但是也考虑了发现的优先次序,尽管在这个时候他从事这项工作还被认为是"业余"的。

赫兹普隆—罗素图(简称赫罗图,或 H - R 图)* 的现代常用形式是以恒星的颜色(或是由黑体辐射规律推算的温度)为横轴或称 x 轴,较冷的恒星靠近右侧而较热的恒星靠近左侧。该轴也可以用恒星的光谱型来做标识,轴上的标度与光谱特征有关,但是总体而言与黑体辐射也是等价的。纵轴或称 y 轴则是恒星的亮度,暗星在底部而亮星在上部。这个亮度不是地球上观察的恒星视亮度,而是绝对星等,定义为将这颗恒星置于 10 秒差距(即 32.5 光年)的位置上它所应有的亮度。显然,我们只有知道某颗恒星的视亮度以及它的距离,才可能求出它的绝对星等。所以,只有在天文学家有能力测量更多恒星的距离之后,才可能发现 H - R 图。我们将在第五章讨论他们是怎样做到这一点的。

H - R 图上有几个极端的情况,分别是左上方对应于亮而热的星,左下方对应于暗而热的星,右下方对应于暗而冷的星,而右上方则对应于亮而冷的星。第一个使天文学家感到震惊的规律是,当他们把众多

---

* 也可以称为颜色—星等图。

恒星的数据标绘在这个图上时,发现大部分的恒星都分布于从右下方(冷而暗)到左上方(热而亮)的一条带上。这个带状区域被称为主序,太阳就是一颗典型的主序星,差不多位于这条带的中部偏上一些的位置上。我们现在知道恒星在主序上的位置取决于它的质量,这是爱丁顿于20世纪20年代发现的,它们都处于其内部正在发生氢燃烧的阶段(这个发现要晚许多才出现!)。因为恒星质量越大,为了维持其存在就必须更快地燃烧,因此就比小质量的恒星更亮。所以,在主序上由右下方向左上方移动时,位于其上的恒星的质量逐渐变大。

在20世纪的第二个10年,人们对这一点当然还缺乏认识,对恒星怎样演化的理解又经过了半个世纪的艰苦摸索,甚至多次走进了死胡同。为避免不必要的混乱,这里就不展开具体细节了。对于测量恒星年龄而言,我们需要知道的是,大约在20世纪60年代已经出现了这些理解,与瓦戈纳、福勒和霍伊尔等人对轻元素怎样产生于大爆炸的研究差不多处于同一时期。

从灰尘到灰尘

银河系中有90%的亮星都处于赫罗图的主序。但是也有一些恒星既亮又冷,这就意味着它们要比太阳大得多,因为它们的表面单位面积发出的热量较少,要变得如此明亮就需要特别大的表面积。这一类恒星被称为红巨星,处于H－R图的右上部,主序的上方。另外有些恒星既热又暗,这就意味着它们比太阳小得多,虽然它们的表面单位面积发出的热量较多,但是总的表面积很小,因此显得暗弱。因为其颜色和大小,这一类恒星被称为白矮星。它们在H－R图上位于左下部,主序的下方。

通过对不同生命阶段恒星的研究,基于已知的物理定律,并结合对恒星内部核反应过程的计算机模拟(根据模型),天体物理学家可以算出一颗恒星在不同的生命阶段可能出现在H－R图上的位置,他们称其为演化程。这就像是通过研究森林中不同年龄的树木来推断一个单体树木的生命演化周期。

一颗典型恒星的演化过程的起点是太空中的一团气体和尘埃——包含上一代恒星留下的带“金属”成分的灰烬——在自身引力作用下开始坍缩,内部变热(根据开尔文和亥姆霍兹所描述的过程)发出辉光,直到点燃核心的氢燃烧。这一坍缩过程通常是由于超新星爆发产生的冲击波穿过这团气体云或者是这团云内部的扰动引起的,还与磁场有关。这里最重要的因素是一团云气偶然地发生了坍缩,“偶然”是这里的关键词,据估计整个银河系每年也只产生一两颗恒星(肯定少于10颗)。一颗恒星形成之后,它在主序上的位置就取决于它的质量了,较大质量的恒星位于主序较高的部分,较小质量的恒星则位于主序较低的部分。恒星将在主序上存在多久也仅由它的质量来决定,因为质量越大的恒星,为了维持其自身存在所需要的燃烧就越猛烈,所以也就会更快地耗尽其燃料。主序上恒星的质量范围从太阳质量的十分之一到太阳质量的50倍。大多数恒星的质量小于太阳。

正如我以前曾经提到过的那样,一颗质量与太阳质量相同的恒星,在主序上通过氢燃烧变成氦来维持其自身存在的时间约为100亿年。一颗质量为太阳质量一半的恒星,其亮度仅为太阳的四分之一,但在主序上可以存在2000亿年。一颗质量为太阳质量3倍的恒星,其亮度是太阳的5倍,表面温度约7000K,却只能在主序上存在30亿年。一颗质量为太阳质量的25倍的恒星将比太阳明亮80 000倍,表面温度高达35 000K,但是仅仅300万年就会耗尽氢燃料。这些规律为我们测定某些恒星的年龄开辟了一条路径。但是首先,一颗恒星在氢燃烧的末期被迫离开主序时会发生什么现象呢?

最初的变化发生于核心。此时核心大部分已变为氦,开始收缩,随着引力能的释放变得越来越热。这将在围绕核的一个壳层中点燃氢燃烧,核心和氢燃烧层产生的热量将恒星的外层继续向外推出,使得恒星整体膨胀,这一过程中部分物质流失到了太空之中。因为恒星变大了,即使此时发出的辐射高于太阳状态的恒星,其表面每平方米面积发出的辐射却仍将变小，所以其表面就变得比主序星冷了。恒星因此就向上向右离开主序了，它成了一颗红巨星。渐渐地，核心被加热到了1亿K，氦燃烧开始了。对于一颗像太阳那样以及质量大到2倍太阳质量的恒星，氦燃烧是突然发生的，被称为“氦闪”，但是对于更大质量的恒星而言，这一过程的开始是比较缓慢的。无论如何，这些恒星都进入了一段与主序类似的生命时期，只是其核心进行的是氦燃烧，外围包裹着一个氢燃烧层。* 在这一过程中，会有大量的物质被抛入太空。

对于4倍太阳质量以下的恒星，这里就是生命的终点了。当氦燃烧结束的时候，恒星进一步收缩变成了白矮星，开始时仍然非常热，随后就慢慢冷却下去变成致密的灰烬。大于4倍质量的恒星则会按照上一章描述的核燃烧阶段继续演变，以较温和的方式将更多的物质（恒星灰）抛入太空，或是对于超过8倍太阳质量的恒星而言，以猛烈的超新星爆发的方式结束其生命，把重元素散布到整个银河系，只留下一颗小而致密的中子星。所有这一切都为组成我们身体的元素的起源了解作出了贡献。但是对于理解恒星年龄而言，重要的事实是恒星离开主序的拐点只与它的质量有关。这就意味着我们如果有一批同时形成的恒星，将它们的位置都画在H－R图上，这个图将会是不完整的。它将缺少主序上部的成员，因为大于某一质量的恒星一定都已耗尽了核心氢燃料而离开了主序。这个拐点——最后一颗仍然停留在主序上的恒星的质量——将告诉我们整批恒星的年龄。幸运的是，我们确实能找到这样的恒星群体，它们就是球状星团，但是要求出它们的年龄并非你想象的那么容易。

球状星团的年龄

顾名思义，球状星团就是其空间分布特点表现为球形的一群恒星，

---

* 福克纳（John Faulkner）是发展了红巨星“演化”理论的人之一，他是霍伊尔的学生，后来成了我的博士生导师。

通常由数十万颗,甚至上百万颗恒星组成。我们已经知道球状星团都很古老,因为它们的成员星都非常缺乏重金属——或者说它们的金属丰度很低。这就意味着它们形成于大爆炸之后不久。然而,它们并不能代表真正的第一批恒星,因为它们还是拥有少量金属。它们正是从第一代恒星的灰烬中成长起来的,所以球状星团的年龄应该比宇宙的年龄(可以定义为距离大爆炸的时间间隔)略小一些。

银河系里的球状星团散布于环绕银河系的一个球形晕中,银河系自身主体则是一个扁平盘状分布的恒星集合。这也从另一个侧面说明了球状星团十分古老,因为它们产生于银河系形成的早期,那时候银河系还没有沉积成我们现今看到的圆盘状。因为球状星团距离我们都十分遥远(典型距离为数千秒差距,或者说是数万光年),相比而言它们自身的尺度很小(典型大小为10秒差距,或者说32.5光年),所以我们在解释H-R图时,可以把球状星团的恒星看成与我们的距离都是相同的。在这个球形集团的内部,每立方秒差距的空间范围内会有上千颗恒星,而在我们的太阳周围,同样大的空间范围里却没有一个邻居。尽管银河系里可见的球状星团还不到200个,但正如我在第二章中所说的,它们的空间分布在20世纪20年代的时候对于人们理解银河系的结构以及与其他星系的关系起到了十分关键的作用。而在这里,重要的却是它们的年龄。

理解球状星团年龄的关键是测量它们的距离。只有知道了它们的距离,才能求出它们的真实亮度——绝对星等,从而可以确定它们在H-R图上与质量有关的拐点。但是这需要非常精确的距离测量值。如果你高估了星团的距离,也就相当于对它亮度的估计超过了它真实的亮度,就会严重影响对它们年龄的估计——10%的距离误差就会导致20亿年的年龄误差。直到现在,距离测量还是非常困难的工作,因此对球状星团的年龄估计还是相当不确定的。其中可用的一项测量技术是分析其中的天琴座RR型变星,这种类型的变星在球状星团中和在比较靠近我们的地方都存在。根据对那些相对较近的、其距离可以用其他方法来测定的此类变星样本的分析，它们的亮度和光变周期紧密相关。所以，球状星团中的天琴座RR型变星一经确认，我们就可以通过分析它们的光变周期，再结合它们的视亮度便可定出它们的距离。但是这个技术还不够精确。

还有一种更粗糙但也更成熟的方法是在H－R图上整体调节其星等（相当于在H－R图上移动整个星团的距离），直到它的主序与“标准”主序重合。这一方法的缺点在于标准H－R图是基于众多重金属含量高于球状星团的恒星得到的，这可能会影响计算结果，但是没有人知道更多的细节。另外一个所有方法都要面对的问题是，星际尘埃对遥远天体的消光效应，不仅会影响它们的亮度，也会改变星光的颜色，从而影响对恒星温度的估计（别忘了H－R图也是一种颜色—星等关系图）。这一效应与日出或日落时地球大气中的尘埃对阳光的影响相类似，结果就是使得天空变红了，类似的星际效应也被称为“星际红化”。

由于存在这些困难，不难想象直到20世纪90年代对于球状星团的年龄测定还存在很大的不确定性。当时的天文学家使用前面说到的这些技术，以及其他一些更巧妙的方法，对球状星团年龄的最佳估计范围在120亿年至180亿年之间，其中间值，150亿年，被认为是最佳估计值。但是很快，一切都改变了。

这一改变很大程度上要归功于欧洲空间局（ESA）于1989年发射的太空天文台——依巴谷（Hipparcos）。在4年的工作时间里，依巴谷卫星使用我将在第五章详细介绍的视差技术精确测量了大约120 000颗恒星。依巴谷研究团队将这颗卫星的测量精度比喻为在埃菲尔铁塔上用望远镜去观测纽约帝国大厦顶端一个高尔夫球大小的物体。为期4年的观测项目产生了超过1000GB的数据量，在其寿命期内逐渐传回了地球。但是由于受到数据产生方式的限制，地球上的科学家不能立即得到恒星距离的数据，直到整个观测计划结束才一次性得到了所有的数据。即使到了那时，数据处理工作还是花费了差不多和观测工作一样长的时间，所以，依巴谷的所有结果直到 1997 年才得以正式公布。

依巴谷卫星直接测量了各种不同种类恒星的距离，包括天琴座 RR 型变星和普通的主序星。这一成果对于天文学和宇宙学的许多分支都有重要影响，本书后续部分还将多次涉及。然而，依巴谷卫星最重要的成果还是它改进了对球状星团年龄的估计，即改写了“最佳估计值”，也大大压缩了误差范围。数据表明球状星团的距离比 1997 年以前的估计值远了很多，所以它们就应该比原先预期的更亮。恒星越亮，就意味着燃烧越为猛烈。所以，为了解释它们现在的状态，球状星团就必须比原先预想的更为年轻。较年轻、较热的恒星消耗核燃料的速度快于较冷、较暗的恒星。根据依巴谷卫星的结果，对球状星团年龄的估计值大大下降了，新的估计范围是 100 亿年至 130 亿年，最佳估计值为 120 亿年。最近，依巴谷团队的两名成员察波耶(Brian Chaboyer)和克劳斯(Lawrence Krauss)仔细分析了测定球状星团年龄的各种技术。他们得出，银河系中最古老球状星团的“最佳”年龄估计为 126 亿年。幸运的是，这一结果与基于完全不同的方法得到的关于最老恒星的年龄估计相当符合。*

白矮星的年龄

另一个测量年龄的方法连布丰伯爵，甚至牛顿也都会同意——如果他们知道恒星生命周期的话。这一方法非常类似于通过测量其现在的温度来推算一个冷却中的铁块的年龄。这里，冷却的“铁块”就是白矮星。

---

* 2013 年 12 月，ESA 发射了依巴谷的后续卫星——盖亚(Gaia)。这是一个为期 5 年的计划，测量精度可以达到 0.000 01 角秒(10 微角秒)的视差，相当于 100 000 秒差距，或约 320 000 光年的距离。盖亚卫星计划测量超过 10 亿颗恒星的视差。(原文将测量精度误写为 0.0001 角秒，特此更正。——译者)

白矮星是恒星演化的一种结局,其内部的核燃烧都已停止。它基本上就是一个炽热的碳球,内部不再有热源,未来就是慢慢地冷却以度过永恒的余生。如果我们知道一颗白矮星开始的时候有多热(可以根据恒星演化的模型进行计算,大约为200 000K 至250 000K),冷却的速度有多快,以及它今天的温度,那么我们就可以算出它的年龄。因为需要考虑的质量范围不大,所以计算可以得到简化。任何大于8倍太阳质量的恒星都将发生超新星爆发,同时留下一颗中子星,在那种情况下,一个太阳那么大质量的物质都将被挤入一个直径只有几千米的球中(差不多相当于珠穆朗玛峰的大小)——这不可能是白矮星。任何质量小于太阳的恒星仍将处于主序上,或是已经变成了红巨星(下文将会说明)。今天所看到的最老的白矮星剩下的质量大约只有一半太阳质量到四分之三个太阳质量。它们的外层物质,包括所有产生的"金属",都已在之前流入太空了。唯一可被测量的量是亮度(光度)和温度。恒星越暗(越冷),年龄就越老。

要计算恒星的冷却过程似乎是一个很困难的任务,但是实际上白矮星的结构十分简单,其温度从中心到外表面都几乎是一样的。* 冷却的过程同样十分简单,很容易就可以计算出来。只有一些微小的变化需要考虑,例如在白矮星刚形成的时候,星体收缩,释放引力能转变成热,但在某一阶段星体的内部会出现晶体化的现象,这个过程也会释放出一点热量。但在这一固化过程之后,它就以我们熟知的、已研究透彻的物理方式冷却,所得结果就是一种理论上的"冷却曲线",一种描绘白矮星的年龄和其表面温度之关系的图,在这个图上,只要知道温度,就可以确定其年龄。

当然,还存在一些微小的技术问题需要考虑,细节就不多展开了,计算得到的一个重要结果是可以对不同光度范围的白矮星相对数目进

---

* 与这一论点相关的理论是英国天文学家梅斯特尔(Leon Mestel)提出的,我后来曾和他共用一间办公室。

行预测。实际上观测到的银盘中的"白矮星光度分布"与理论预期基本符合，只是对于较暗的白矮星而言，相对数目比较缺乏，显而易见的原因是银河系中的白矮星可能还没有老到可以达到这个演化阶段。这个分布结构的暗端比较"清晰"的终止界面表明，银河系盘中最老的白矮星约为90亿岁。这些恒星的质量约为0.8个太阳质量，恒星演化的计算表明它们的母恒星的生命周期为3亿年。* 这就求出了银河系盘的年龄应为93亿年，误差大约为10亿年。但是这还并非我们银河系中最老的白矮星。

我之前曾经提到过，银河系中存在两大恒星种类。银河系主体由一个扁平盘状的恒星集团组成，同时环绕着一个包含球状星团（本书第二部分还将有更多讨论）的球形晕状结构。重要的是晕中恒星的形成早于银河系主体，也就是说比盘中恒星更老。所以，如果我们能够在球状星团，或是银晕中找到白矮星，就可以确定银河系中最老的恒星了。困难在于晕族恒星距离太远了，而我们所关心的这类恒星又非常暗弱，所以很难被观测到。然而办法还是有的。

假如能够辨认出球状星团中的白矮星并对其星光进行分析，那么这就是一个独立确定星团距离和年龄的办法。这个办法直到哈勃空间望远镜问世，特别是在1993年启用了极为灵敏的WFPC2相机后，才具有了可行性。即便如此，也仍然只能在几个最近的球状星团中进行白矮星的研究。从地球上看去，这些天体的视亮度只有肉眼能见最暗恒星之视亮度的十亿分之一。为了能够获得足够进行分析的光线，相机必须累积曝光好几天，把来自暗弱天体的光子累积到足够的强度。

对这些艰难取得的星光进行分析倒是一个相对比较容易的工作，因为白矮星的大气要么是纯氢，要么是纯氦。不必考虑金属元素。恒星的大气结构取决于其表面的引力强度，这将影响它的光谱。对光谱

---

* 读者可能会奇怪，质量小于太阳质量的恒星的年龄应该比太阳年龄更长，怎么会只有3亿年，实际上这里的质量是作为演化结果的白矮星的质量，而其母恒星的质量实际上要比太阳质量大得多，具体多少原文没有给出。——译者

进行足够精细的测量之后,可以同时求出恒星的引力(也就得到了质量)和表面温度。知道了最老、最暗的白矮星的年龄,也就知道了球状星团的年龄。

21 世纪开始的时候,对距离 5600 光年的球状星团 M4* 中的白矮星的观测得到的年龄是 121 亿年,可能的误差是正负 9 亿年。对其他几个球状星团的类似研究也得到了类似的年龄。这些测量结果与依巴谷团队研究得到的最老球状星团的年龄——126 亿年——十分吻合。这是令人鼓舞的证据,说明天体物理学家们走在正确的道路上,当然还会有更多的证据来证明这一点。

5600 光年对于一个球状星团而言是相当近了,但是如果还能在天文学上距离更近一些的地方找到一些白矮星,情况会怎么样呢?当然就可以更加容易,也更加精确地测定它们的年龄了。幸运的是,我们找到了两个这样的星体。第一个名为 SDSS J1102,是斯隆数字化巡天计划(SDSS)于 2008 年发现的,并被列为附近的“老年晕族白矮星候选者”,到 2012 年时,它的身份被确认了,同时还确认了另一个类似的天体——WD 0346。它们都是晕族恒星,只是在当前恰好经过我们附近。实际上,正是它们的速度吸引了天文学家的注意,也正是特别的速度暴露了它们的晕族身份。银盘的恒星或多或少都是围绕着银河系的圆形轨道而运动,就像跑道上的运动员,但是来自晕族的过路者则会从各种奇怪的角度高速穿过。当前,J1102 位于银盘上方 50 秒差距处,WD 0346 则在银盘之外 9 秒差距。

J1102 位于大熊座的方向,以每年 1.75 角秒的速度移动,而 WD 0346 则位于金牛座,以每年 1.3 角秒的速度移动。作个比较,天空中月球的角直径为 30 角分,或者说 1800 角秒。这就意味着只需 1000 年的时间,J1102 就可以在天空中穿越像月球直径那么大的角距离。相对于普通恒星而言,这已是特别快的速度了,它也意味着这个星体就在

---

* 位于天蝎座。

附近，而且运动速度极快。它的距离已经近到可以使用视差技术进行直接测量，实际测量结果是100光年(34秒差距)，还不到M4距离的2%。此外，为了能够达到在天空中每年1.75角秒的移动速度，它的实际空间运动速度至少必须达到每秒260千米(约为每小时60万英里)。由于距离可以精确测量，所以与J1102有关的各种参数(特别是绝对星等)也都可以相当准确地得到确定。WD 0346的视差测定同样很准，测定值为28秒差距，比J1102还要近一些，空间运动速度为每秒150千米(略大于每小时30万英里)。

研究表明J1102是一颗质量为0.62个太阳质量，表面温度为3830K的白矮星。WD 0346的质量比J1102略大一些——0.77个太阳质量，表面温度为3650K。考虑到它们在主序阶段度过的时间以及此后冷却的时间，J1102的总年龄略低于110亿年，WD 0346则约为115亿年。这个年龄结果再次确认了它们的确是属于晕族而非银盘的成员，而且与依巴谷卫星及白矮星测量方法测定的最老球状星团的年龄十分符合。此外，研究这些邻近恒星还可以增进我们对这类天体的认识，改进球状星团白矮星年龄的测定精度。但是，我们关于恒星年龄测定的故事还没有完。

放射性年龄和已知最老的恒星

“银河系中最老的恒星”这一头衔有多个候选者，因为无论是测量技术还是根据现有演化理论对测量结果的理解，都存在很大的不确定性。当前得到的多种估计值彼此重叠于从130亿年到140亿年的范围里。对于上一代天文学家而言，这可算是令人惊叹了。但是我们仍然不能敲定究竟哪一颗才是最老的恒星。下面介绍的是我们当前所知的几个候选者，以及我自己根据现有理解所认为的“最佳”。在你阅读这段文字的时候，可能又出现了新的候选者，我希望这里的讨论有助于你自己对各种声明作出明智的判断。

第一个候选者是一颗相对较近的恒星，名为HD 140283，处于刚刚离开主序而转变成红巨星的阶段。这使得它处于一个对年龄十分敏感的演化阶段。因为距离非常近（约60秒差距，或190光年，来自哈勃空间望远镜的视差测量*），所以它的星光几乎不用考虑星际红化，影响因素要少得多。HD 140283距我们非常之近，只需使用双筒望远镜就可以在天秤座里找到它。与近距离的白矮星WD 0346和J1102一样，HD 140283也是来自晕族的高速过客，穿过天空的速度达到了惊人的每小时0.13毫角秒，快到在哈勃空间望远镜间隔几小时拍摄的照片上就能看出它的运动。结合它的距离可以算出它的空间运动速度约为每秒350千米（大约每小时80万英里）。实际上，HD 140283早在1912年就已被认为是异常快速运动的恒星，并且是第一个被光谱分析确认为金属含量大大低于太阳的天体——天文学上称之为“贫金属”。这也是关于它的年龄可能很大的第一个线索，接着就是对其年龄的实际测量。根据对其轨道的研究，天文学家认为它可能诞生于一个小型的“矮”星系中，这个矮星系过于靠近银河系而受到强大潮汐效应的影响，其中恒星的运动轨道被拉长成了细长形，反复进行冲向银河系及返回银晕的运动。

太阳总质量中的1.6%为金属。天文学家是根据光谱中反映出来的类似铁这样的元素与氢元素的相对比例关系来测定金属丰度的。太阳的金属丰度作为标准而定义为1，其他恒星的金属丰度则使用一种名为“岱”（dex）的单位，这是“对数指数”（decimal exponent）的缩写。在这个单位制下，单位1相应于10倍，所以如果某个天体的铁含量（相对于氢）是太阳的10倍，那么它的dex就是1，如果是100倍，dex就是2，依此类推。如果金属含量小于太阳，那么dex就是负的。－1dex就意味着其含量是太阳的十分之一，－2dex意味着百分之一，依此类推。

* 哈勃空间望远镜可以十分精确地测定单颗恒星的视差，但是无法像依巴谷卫星那样同时进行大量恒星的视差测量。

HD 140283 的金属丰度约为太阳的 1/250。

除了可将与 HD 140283 类似的恒星的金属丰度与太阳作比较，天文学家还可以测量恒星内部不同金属元素的比例。这与恒星的年龄有关，因为不同年龄的恒星通过核合成过程形成的不同元素的比例是不同的。氧和铁的相对比例对于年龄的估算特别有用。对于 HD 140283，氧的 dex 为 -1.5，铁的 dex 为 -2.3，使用这个证据以及别的证据，由当时在宾夕法尼亚大学工作的邦德（Howard Bond）领导的一个研究团队于 2013 年得出它的年龄为 145 亿年。新闻媒体因此将其描述成"最老的恒星"，但是这还不是故事的全部。这一年龄测量中的不确定性非常大，不仅观测困难，支持其计算结果的理论细节也有很多的不确定性。例如，如果在测量误差范围内适当增加氧丰度（大约 0.15），估计的年龄就可能降到 133 亿年。红化的影响也会减小计算的年龄。所以，现在对 HD 140283 的最佳年龄估计应为 145 ± 8 亿年——也就是说从 137 亿年到 153 亿年都有可能。这样它就取代了一颗名为 CS 22892 -052 的恒星而成为"已知最老的恒星"，但是值得指出的是，CS 22892 -052 曾经极大地改变了我们在最近 10 年中对这类天体的理解。我个人十分喜欢测定 CS 22892 -052 之年龄的直接方法，这也是我将要说明的测量恒星年龄的最后一种方法，它甚至可以回溯到人们对地球年龄的直接测定方法。

当我于 1996 年写作《时间的诞生》（*The Birth of Time*）时，就已经对这颗星有了一些十分困难但是极其精确的光谱学研究——包括对许多元素丰度的测量，特别是钍和铕——并得出该星的年龄为 152 ± 37 亿年。到 2003 年，对该星更进一步的研究结合来自地面观测和哈勃空间望远镜的观测结果，将这一基于钍/铕的年龄改进为 128 ± 30 亿年，而基于其他元素的年龄测定值为 142 ± 30 亿年。所有这些估计都与其实际年龄范围 130 亿—135 亿年相符，接近于对 HD 140283 之年龄估计的较小一端。对其他恒星的钍/铕测年法在本世纪初也给出了类似的结果。但是它们的工作原理是什么呢？

如果布丰和牛顿能够理解测量白矮星的原理，那么博尔特伍德和霍姆斯也就可以很轻松地接受我将要描述的测定年龄的最后一种方法——将放射性测量法直接应用于天体物理，而不仅仅是地质学研究。白矮星测年技术可以应用于演化开始时质量大于太阳，因而演化速度也较快的恒星；放射性测年技术则可以应用于演化开始时质量小于太阳，从而演化速度较慢的恒星，尽管它们年龄已经很大，现今也可能才刚刚进入红巨星阶段。

在第三章里，我曾经说明元素会以多种同位素的形式存在，其质量不同（因为原子核中含有不同数量的中子）但是化学性质相同（因为含有相同数量的质子和电子）。常见的氢原子和氘（重氢）原子就是氢元素的两种同位素，氦也有两种同位素：氦3和氦4，前者的原子核中拥有2个质子和1个中子，后者的原子核中拥有2个质子和2个中子。这对于放射性测年法来说十分重要，因为有些重元素既有稳定的同位素，也有不稳定的同位素，当我们谈及放射性衰变的时候，实际指的是某个特定同位素的衰变。

有一个粗略的方法可以通过放射性测量的原理来估算银河系的年龄，但能得到很有意义的结果。各种同位素的相对比例可以告诉我们太阳系形成时放射性同位素的比例——即使对于那些衰变时间已经很久了的元素，仍然可以通过今天的情况将它们分析出来。所以我们可以大致了解太阳系形成时星际空间云团中的放射性元素混合情况，并以此估算这些物质的混合是什么时候形成的。最简单的猜测是它们在银河系诞生的时候一起形成。但是这显然是错误的，因为我们知道超新星爆发现象至今也仍存在。然而，这个错误却十分有用，因为它为银河系的可能年龄设置了一个下限，约为80亿岁。银河系不可能比此更年轻，当然宇宙更加不可能比此年轻——当我们进入本书第二部分的时候一定要牢记这一点。

一个稍微周到一点的考虑是，假定银河系形成以来每年发生大致相同次数的超新星爆发（或者用每千年爆发数，因为大约每世纪会发生1—2次超新星爆发事件),因此而不断增加太空中放射性物质和其他物质的数量。这可能会使我们对年龄的估计过高,因为在银河系年轻的时候超新星的爆发频度可能更高。这种估算得到的银河系年龄约为130亿岁,不确定性是正负30亿年,与个别老年恒星的年龄估计范围还算接近。由此也导出了我所喜爱的"最佳"候选者。

我在这里要说的最后一个突破是在恒星光谱中检测到了铀238的光谱特征。以前用作年龄测量的钍232拥有长达141亿年的半衰期,即使在我们所讨论的这么长的时标内发生的衰变也不多。这一半衰期差不多是地球年龄的3倍了。由于半衰期极长,即使在天文时标上衰变量也很少,所以在我们的周围很难找到它的衰变产物进行分析。天文学家知道铀238的半衰期仅为45亿年(大约等于地球的年龄),而且对它也已有很深的了解,其衰变产物也容易识别,因而如果可以在恒星的光谱中找到这一同位素的踪迹,它显然可以成为很好的宇宙钟。这一突破出现在2001年初,一组天文学家使用欧洲南方天文台在智利的望远镜在一颗名为CS 31082－001的恒星的光谱中发现了由铀238产生的特征谱线。该恒星的铁的含量比太阳低一千倍(dex为－3),而且含有钍和铀,这使它有双重的意义可以用作宇宙钟。恒星当前的钍和铀之比例是其年龄的极好指标,得到的结果是125亿年,正负30亿年。它不一定是已知最老的恒星,但却是(目前)利用我认为最可靠的技术测定的恒星中最老的一颗。然而到了2008年,又出现了一个名为HE 1523－0901的案例。

HE 1523－0901是一颗质量大约为太阳质量的80%的晕族红巨星,距离约7500光年,位于天秤座,金属丰度的dex为－2.95。当时在得克萨斯大学奥斯汀分校工作的弗雷贝尔(Anna Frebel)及其同事报告说,他们不仅使用欧洲南方天文台的甚大望远镜(VLT)在恒星中识别出了铀和钍的光谱特征,而且确认了包括铕、锇和铱在内的其他元素。这使得他们可以测量各种元素含量比:铀/钍,钍/铱,钍/铕,以及钍/锇。能够用于分析的比值越多,年龄的估计就越可靠。综合各种分析,他们得到的估计值是132亿年,误差大约是正负30亿年。这比CS 31082－001的测定值略大一些。然而,个别地方的推算还是有些不一致,CS 31082－001和HE 1523－0901之铀/钍的微小差异表明前者比后者更老一些,与综合估算的年龄不同,但仍处于误差允许的范围之内。研究团队认为:“考虑到观测上的不确定性超过了两者的估计值差异,这两颗恒星可以认为几乎是同时形成的。它们的金属丰度几乎一样也说明了这一点。”

最后的结论是,通过所有这些不同方法——球状星团法、白矮星冷却测龄法、放射性测量法——得到的年龄彼此一致。这说明了两个事实,首先天体物理的研究方法是有效的,天文学家走在正确的道路上。其次是银河系里最老恒星的年龄大约略大于130亿年。那么它们与宇宙年龄的估计是否相符呢?

第二部分

怎样知道宇宙的年龄

第五章

31.415:前期历史——星系和宇宙

我们所在空间的周围都由恒星所主导。但是我们知道这只是因为我们生活在一个名为银河系的恒星之岛内部,而在更大的空间尺度上,至少在可见的情况下,宇宙是由星系所主导的。尽管我们在夜空中所见的都是恒星,但那只是因为其他星系距离太远。即使最近的星系在天空中也只是呈现为一个十分模糊的光斑,没有望远镜根本无法看清。所以毫不奇怪,欧洲人一开始就将它们描述成模糊的一团,或称其为星云,这个名词首先出现于1614年马里乌斯(Simon Marius)的作品中,就在望远镜刚刚发明不久。他是一位德国天文学家,这个姓氏是原姓氏迈尔(Simon Mayr)的"拉丁化"(那个时候欧洲科学界的时髦做法)。他同时也是西方第一个确认了现在我们已知为仙女座星系这一天体的科学家,之前一些阿拉伯学者已经知道了这个天体的存在。马里乌斯还和伽利略在同一时期发现了木星的4颗大卫星,但是没有马上发表他的发现。* 又过了100年,以彗星研究著称的哈雷(Edmond Halley)才在他于1716年在《皇家学会哲学学报》(*Philosophical Transactions*)

* 虽然如此,这4颗大卫星的名字(艾奥、欧罗巴、加尼米德、卡利斯托)却是马里乌斯给起的。

上发表的文章中,再次将这个星云拉到了天文学的主线上来。然而,他关于所见现象的解释却是错误的:

有一些比较特别的亮斑,肉眼看起来和小星星没啥两样,只有用望远镜才能发现。它们应该只是一种来自满布以太之广阔空间的光,由于为中间介质所模糊,而呈现出特别的光泽。

哈雷不知道有许多星云(星系)实际上是由恒星组成的,并且因此而发光,这一认识阻碍了人们对星云本质的正确理解长达两个世纪。实际上还存在两种类型的星云,我们在这里感兴趣的当然是那些与银河系类似的星系。但在银河系的恒星和恒星之间的确也存在许多气体和尘埃云,因为其中隐藏着炽热的恒星而发光。猎户座中的著名星云就是一例。事实上,猎户座星云正是哈雷所编辑的星云表中的第一号,他的表中第二号星云就是仙女座星系。如今,我们说"星云"时都是指那些云状物质,而用"星系"来表示那些银河系之外,曾经被认为是星云的天体。为了表达更为清晰,虽然哈雷及其后继者们都是使用星云这个称呼,我还是要称它们为"星系"。

哈雷有一点认识是正确的,他注意到这些天体与行星不同,不会在恒星之间移动,因此判断它们一定处于十分遥远的地方。由于它们又是具有延展面的天体,而不像恒星一样是一个锐利的星点,因此也就意味着它们应该非常之大。这就启发了人们对宇宙的大小和范围的不成熟猜测。

推理的力量

故事开始于18世纪的思想家、达勒姆的赖特(Thomas Wright)的工作,他于1750年出版了一本书名华丽的著作:《关于宇宙的原创理论或新猜想,基于自然定律,应用数学原理来解释可见创造物的普遍现象,特别以银河为例》(*An original theory or new Hypothesis of the Universe, founded upon the laws of nature, and solving by mathematical principles the general phenomena of the visible creation, and particularly the Via Lactea*)。[20]书名中的"Via Lactea"就是拉丁文中的"银河"。这本书中既有正确的观点,也有错误的观点,混合了哲学、神学和科学的各种思想,但是其中有一个观点特别重要。赖特认为银河之所以呈现为横跨天空的一条宽带,是因为所有的星星形成了一个盘,像一个水车轮一样,"所有的恒星都沿着同样的路径运动,但都没有偏离同一个平面,就像行星的绕日运动一样"。在这个图景中,恒星围绕着银河系的中心运动,就像行星围绕着太阳运动一样。赖特还进一步猜想其他的恒星也可能拥有围绕它们运动的类似行星家族。此外,如果存在其他的太阳系(按他的原始说法是"恒星系"),那么为何不能存在其他的银河系呢? 赖特使用他的名词"创造物"(creation),实际就是我们所称的"星系",继续写道:"如果可见的创造物是完全由恒星系和行星世界所构成的,那么同样地,无尽的广阔空间也必然拥有无尽的创造物。"换句话说,就是无限的宇宙中充满了无数类似银河系这样的星系。他还特别指出,"可能存在外部的创造物"。这就导致他猜想人类在宇宙中的地位是十分渺小的:

在这个庞大的天体创造物里,像我们这种世界里发生的灾难,甚至整个世界系统的解体,在自然之主看来,可能也不过是生命中常见的一种意外,是所有经常发生之末日的各种可能性中的一个,就像我们地球的诞生或死亡一样。

对于一个相信存在造物主的人来说,这真是一个相当令人惊讶的猜测了。

哲学家康德(Immanuel Kant)重拾了赖特书中的思想,又努力向前跨了一步,他用牛顿定律,而不是借助上帝之手来解释了观测宇宙的行为。1755年,康德写了一本书,将星云解释成"宇宙岛",指出一个盘状的恒星系统如果正面朝向我们,看起来就是圆形的,如果侧面朝向我们,看起来就是椭圆形的。他描述了一个无边、无限的宇宙,并猜想这个环绕我们的宇宙是从一个早期的状态演变而来的。不幸的是,这些观点没有被那个时代的人注意到,因为他的出版商破产了,这本书没能得以发行。所以直到拉普拉斯(Pierre-Simon Laplace)才将这些观点以"星云假说"的形式写入了他于1796年出版的《宇宙体系论》(*Exposition du Système du Monde*)一书中,并在1825年出版的《天体力学》(*Traité de Mècanique Céleste*)第五卷中作了更完整的描述。他认为星云一定包含数十亿颗恒星,就像我们的银河系一样。如果从远方进行观察,银河系看起来也就像那些星云一样。换句话说,我们并非生活在宇宙中一个十分特殊的地方。这本书之所以出名,还因为他描述了一种后来被称为黑洞的天体。当拿破仑问他书中为何没有提及上帝的时候,拉普拉斯回答说:"先生,我不需要作这个假设。"但是这还只是一种推理性的理论,而且在18世纪末引发了辩论。人们需要更多更好的观测,19世纪也的确带来了这些新发现,然而结果却使得人们的认识更加混乱了。

进一步,退两步

拉普拉斯发表其观点的同时,重要的第一步就已经迈出去了。18世纪80年代中期,天文先驱及望远镜制造者赫歇尔就报告了他用他的新反射望远镜对星云所作的系列观测。这台望远镜直径约45厘米(18英寸),焦距6米,威力比之前的任何一台望远镜都要强大。他不仅能够看到更多的星云(1784年观测了大约500个),而且发现其中一些以前分类为星云的天体实际上却是星团。其中一些星团的外形很像一个由众多恒星组成的圆球,因此被称为"球状星团"。另外一些结构比较松散的则被称为"疏散星团"。所有这些星团都是银河系的一部分。

但是赫歇尔一开始就毫不怀疑地认为，一定有许多未能分解的星云位于银河系之外。他在1785年就指出，有些星云“可能在规模上超过我们的银河系”，他甚至还猜测，恒星在初始的时候都是散布在宇宙各处的，后来在引力的作用下才逐渐聚集在一起而形成了星云（星系）。1786年，他写道*：

在这个星云表所列成员上的居住者看来，我们的恒星系也可能像是一个小云斑，一个延展的奶白色光条，一个可分辨恒星的大星云，一个由难以分辨的小星星组成的紧密星团，也可能是各种大小的大量恒星组成的集合。具体表现为哪种形态则取决于它们与我们的实际距离。

他认为银河系一定是与其他星云相分离的，中间隔着大量的空间。于是他开始尝试计算银河系的大小。

然而这一努力遇到的一个问题甚至一直到20世纪初都还在困惑着研究人员。赫歇尔所不知道的是，银河系盘（银盘）中的恒星和恒星之间存在大量的尘埃，它们会吸收遥远恒星的星光。这一效应很像是弥漫的雾，当你置身雾中，你在任何方向上都只能看到有限距离内的物体，因此看起来就好像你正处于一个小型圆形场地的中心。而当雾气除去之后，你就可以看得更远，发现你实际上却是位于一个很大的方形场地的一个角落。同样的情况，由于星际尘埃的存在，我们看起来好像处于银河系盘形结构的中心，但是正如我们将要看到的，现代观测（包括那些能够穿透尘埃的红外观测）表明我们只是处于银河系中靠近边缘的地方。赫歇尔对银河系的尺寸估计显然太小了，如果按照现代习惯来表达，他估算的银盘的大小只有2200秒差距，厚度约520秒差距。然而无论如何，赫歇尔的这个努力还是值得称道的。

---

* 这段文字出自赫歇尔于1786年发表的《一千个新的星团与星云表》。——译者

但是，赫歇尔此后却又倒退了一步。他之前曾经认识到存在不同的星云——有些在银河系之外，有些在银河系之内，后来分类为行星状星云的那些星云则被他列为“不知如何分类”。行星状星云的得名是因为它们在小望远镜中看起来就是一个圆形的光斑，很像行星，而不是恒星那样的光点。我们现在已经知道这是恒星在它们生命的最后阶段，即后主序阶段喷发出来的物质云。赫歇尔已经观测到了有关的证据。1791 年，在使用新的 1 米(40 英寸)望远镜来观测 NGC 1514 星云时，他似乎看到了“一颗与之相关的恒星，嵌在一个发光的流体中，其原因还不清楚”。但当他发现了更多类似的天体之后，赫歇尔又从星系的观点倒退回了星云的观点。他开始着迷于认为行星状星云是恒星诞生的地方(事实上正好相反!)，1811 年他在文章中认为，尽管他以前曾经“猜测星云都是恒星的集团，只是因为距离遥远才掩盖了真相”，但是更多的观测实践却使他认为“这样一个原理是不太可能的”。接着，下一个巨大的观测进步把水搅得更浑了。

1845 年，第三代罗斯伯爵帕森斯(William Parsons)在他位于爱尔兰的比尔城堡领地上建造了一台大型望远镜，这台望远镜因十分巨大而被人称为“帕森斯镇的利维坦*”，其无比巨大的尺寸直到 1917 年才被 2.54 米(100 英寸)直径的胡克望远镜超过。这台巨大的望远镜的镜片直径 1.8 米(72 英寸)，厚 13 厘米，重达 3 吨。望远镜的其他部分都与其成恰当的比例，镜筒长 16.5 米，总重量约为 12 吨。它可以在较大的角度范围内上下(高度角)转动，左右(方位角)转动的范围则受到一定的限制。建造这台巨大望远镜的动力就是罗斯伯爵对于星云的痴迷，他的财富使得他可以立即将其心愿付诸实现。他开始尽可能多地研究这些星云。正是罗斯伯爵发现了一些星云具有旋涡形状。到 1850 年的时候，他已经找到了 14 个旋涡星系，他在皇家学会发表的一篇论文中写道：“随着不断增多的观测，至少对我而言，这类天体变得

* 利维坦是一部流行小说中的巨人，常用作庞然大物的代称。——译者

越来越神秘,越来越难以了解了。”

已发现的各种星云令人感到越来越迷惑了。这些星云有些是旋涡状的,有些是椭圆形的,有些是行星状星云,还有些(例如猎户座星云)看起来就是银河中的发光云团。罗斯伯爵放弃了对它们作出解释的尝试。然而,突破即将发生。

星云的光谱分析

1867年,也就是让森和洛克耶在太阳光谱中发现氦线特征的前一年,罗斯伯爵去世。实际上,三年前的1864年,星云的光谱研究就取得了第一个重要突破,另一个私人天文学家哈金斯(William Huggins)在伦敦南部建了一座天文台,他被基尔霍夫的发现所激励,在其邻居米勒(William Miller)的帮助下开始对恒星和星云的光谱进行分析。他们发现了恒星光谱和太阳光谱的相似性,但是哈金斯在1864年发表的文章中指出,他们发现行星状星云的光谱中不含有恒星光谱的谱线特征,或者说几乎没有细节特征,就和一团气体云的光谱一样。然而,他的确在其他一些星云中发现了类似恒星的光谱特征,包括仙女座中的旋涡星云M31(感谢罗斯伯爵*)。

1866年,就在罗斯伯爵去世前一年,哈金斯已经积累了足够的数据,在英国科学促进会于诺丁汉召开的年会上作了一个突破性的报告。他报告说很多星云,包括行星状星云,都是气体组成的,虽然个别行星状星云的核心可能拥有一颗恒星。但是所有那些原先被分类为星云,后来用现代望远镜已可以分解成恒星的那一部分天体(特别是球状星团)的总光谱都与单颗恒星的光谱类似。然而,最有意义的是,有一些还不能被分解成单颗恒星的星云,包括罗斯伯爵的旋涡星云,也具有类似于球状星团那样的光谱。所有的证据都表明这些星云也是恒星的集

---

* 正是罗斯伯爵(帕森斯)第一次画出了M31的旋涡结构。——译者

合,只是太过遥远而难以分解,然而哈金斯没有把这一点明确地表达出来。

天文学家还在犹豫是否接受这个关于宇宙岛,也就是银河系之外存在其他星系的观念,技术的发展却在迫使他们走向那个方向。19 世纪下半叶,摄影术开始弥补人眼在宇宙研究上的不足。天文学家现在可以不必直接观测一个天体并把它们画下来,而可以代之以对其进行照相,生成更为精确的图像以便有空时再做研究。还有另一个好处。你的眼睛适应黑暗之后,虽然可以盯着一个目标看上几小时,却仍然无法看到你在头几秒钟时间里无法看到的东西。而照相底片却可以在一个很长的时间里一直吸收光线,因此可以看到比肉眼所见更多的细节,甚至可以看见肉眼根本就看不见的东西。天文望远镜配上光谱照相仪后,暗弱天体的精细光谱就可以留诸后世,还可以使用显微镜仔细检测每一条谱线的微小细节。

这一技术的开创者之一是在波茨坦天文台工作的沙伊纳(Julius Scheiner)。他通过曝光 7.5 小时得到了仙女座星云的光谱,充分证明了哈金斯的发现。1899 年,沙伊纳报告说:"此前对旋涡星云可能也是星团的猜测现在可以得到证实了,这一想法可以将这些系统与我们的恒星系统作比较,仙女座星云与其具有非常明显的相似性。"换句话说,银河系和仙女座星云都是旋涡星系。进入 20 世纪,下一个关键一步需要等待加利福尼亚州威尔逊山上 2.54 米(100 英寸)胡克望远镜的建成,但是即使在这个世纪的头 20 年,摄影术和光谱分析技术的发展就已经激发了人们对星云,特别是旋涡星云的重新关注。天文学家为此走过了漫长而曲折的道路。

第 一 步

中国的孔子说:"千里之行,始于足下。"从地球走向广阔宇宙的第一步开始于 1761 年,天文学家开始利用罕见的金星凌日(从地球上看去金星从太阳表面经过的现象）和几何学方法来推算地球到太阳的距离。这个工作需要从地球上相距遥远的不同地方同时测定凌日现象的精确时间——特别是金星刚刚接触太阳光盘的那一瞬间。一旦知道了地球与太阳的距离（现代测量值是1.496亿千米），我们就可以将地球轨道的宽度（略小于3亿千米）用作测量地球与最近恒星距离的基线，这是因为当地球围绕太阳运转时，近距离的恒星相对更为遥远的背景恒星（"固定不动"）会产生一些微小的移动。

你可以用手指来体会这个视差效应，当你伸长手臂，轮流闭上左右眼，每次用不同的眼睛来通过手指看它后方的景物时，你会感觉你的手指相对于背景移动了位置。但是天文学家所要测定的移动幅度要比这个微小得多。我们可以把月球作为一个比较的参照物，它在天空中的视角直径是30角分，或者说是1800角秒。即使是最近的恒星，视差效应与其相比也是极其微小的。如果一颗恒星在6个月的时间里，在照相底片上测出移动的距离正好是1角秒，它的实际距离就被定义为1秒差距，如果转换成光年的单位就是3.26光年。离我们最近的恒星距离为1.32秒差距（4.29光年），所以所有恒星的视差测量都小于1角秒，或者粗略地说，小于月球视大小的两千分之一。这个精度要求在天体摄影术发明之前是不可能达到的。

对于疏散星团里的恒星，还有一种精度稍差的距离测量方法，就是研究它们在天空中的运动，该方法是基于对之前描述过的赫罗图的理解。但是走向宇宙研究的最关键一步还是哈佛大学的莱维特（Henrietta Swan Leavitt）于1912年作出的重要发现。她是天文学家皮克林（Edward Pickering）的一个富有经验的助手。莱维特于1892年24岁生日前毕业于妇女大学教育学会（后来演变成拉德克利夫学院），随后就加入了哈佛大学天文台的皮克林研究团队（最初身份是志愿者）。她的工作是分析照相底片，测定恒星的星等（即亮度），逐渐成了研究恒星亮度变化规律的专家。1896年，她到欧洲做了一次为期两年的旅行，当她回来时，皮克林给她安排了一份带薪的工作（每小时30美分），使她从此成了一位全职的职业天文学家，也是著名的妇女"计算机"团队的一名成员。

起初，莱维特研究的变星都被认为是一种双星系统，亮度的变化是因为其中一颗星周期性地从另一颗星的前面经过。但是后来发现它们显然只是一颗单星，但却随着时间而改变亮度，有时候完成一次变亮变暗的循环要经历好几个月的时间。虽然她的工作经常因疾病而被打断，但在1904年的时候，她还是被认为是负责处理来自哈佛大学天文台设于秘鲁阿雷基帕的南半球观测站的一大盒照相底片的最佳人选。底片资料主要来自只有南半球才能见到的两个星云，为纪念第一个见到它们的欧洲人麦哲伦（Ferdinand Magellan），这两个星云被命名为大、小麦哲伦云（大麦云、小麦云）。她很快在其中的小麦云中找到了十多个变星，后来几年随着来自秘鲁的底片不断增多而又发现了更多的变星。两个星云中的变星数量都超过了100颗。1908年，她发表了一篇总结其多年工作的论文，标题为《麦哲伦云中的1777颗变星》（1777 Variables in the Magellanic Clouds）。使她闻名于世的重大发现就在这篇21页论文的最后一句话："值得注意的是，越亮的变星具有越长的周期。"

正如莱维特的传记作家约翰逊（George Johnson）指出的那样，论文中的这句话在天文学上的意义可以媲美克里克（Francis Crick）和沃森（James Watson）在其著名的DNA论文的最后一句话："我们注意到，我们推测的这一成对组合方式意味着这就是一种基因物质的复制方法。"他们的发现是认识生命的关键。莱维特的发现则是认识宇宙的关键。

与这里的讨论相关的一点是，如果某一类型变星的光变周期（从一个亮度峰值到下一个亮度峰值的时间间隔）与它的亮度相关，那么我们仅需测定它们的光变周期，就可以知道它们有多亮。但是这里存在一个障碍，要想为这个关系定标，首先就需要找出至少一颗属于这个类型且已经使用其他方法测出了准确距离的恒星。如果没有进行这样的定标，那么，如果你在银河系中找到了与这些变星类似的恒星，利用周期—光度关系，你可以说其中一颗星的亮度是另一颗星的两倍，相应地后者的距离必定更远（是前者的1.4倍左右），使得它如我们看到的那般暗淡；但是你却无法说出它们的绝对距离到底是多远。然而，一旦你知道了一小批这些恒星的距离，你就知道了它们的绝对星等，然后就可以应用周期测量来求出同一类型其他成员的绝对星等，再与其视亮度作比较从而确定距离。对于麦哲伦云而言，距离造成的变暗效应可以在计算中予以忽略，因为它们的距离十分遥远（我们今天已经明确知道这一点，莱维特那时候还只是猜测），星云中的所有恒星都可以被认为是具有同样的距离，位于这个星云的一端和另一端的恒星的距离之差只有这个星云与我们之间距离的百分之几。莱维特所确定的变星类型后来被称为造父变星，因为它的原型星是仙王座的变星（仙王座δ星，中文名为造父一），英国天文学家古德利克（John Goodricke）曾经于18世纪80年代对其有过研究。

莱维特的工作进展缓慢，既是因为她自己身体欠佳，也因为她的父亲于1911年去世。但是到1912年的时候，她已经在小麦云中发现了25颗变星，并在一幅图上清楚地显示了它们的亮度和周期的关系。如果能够直接测定其中一颗“本地”造父变星的距离，那么这个关系式就可以应用于整个银河系的恒星距离测定了。不幸的是，没有一颗造父变星的距离近到可以使用那个时代的天文望远镜来进行视差测量*——即使是最近的一颗（恰好就是北极星）也不行。对造父变星的距离测定进行定标最后是（由赫兹普隆）通过一种比较粗略的名为统计视差的方法来实现的。这是一种小技巧，可是应用于足够多的恒星时还是具有出乎意料的精度。它依赖于对大量近距离恒星的观测，例如疏散星团，它们因为距离较近，所以在垂直于视线方向上的运动可通过一年又一年的观测而表现出来。这些恒星看起来大致沿着同一方向

---

* 由于诸如依巴谷卫星这样的观测工具，现在的情况已经大不一样了。

运动，但是有些快有些慢。它们朝向我们或远离我们的实际速度可以应用熟悉的多普勒效应来求出，这样就可以得到一群恒星的随机运动速度。可以合理地假设垂直于视线方向的随机速度平均而言与朝向或远离我们的随机速度一样，所以，将垂直于视线方向的速度减去多普勒方法得到的随机速度，剩下的就是实际的横向速度，将其与恒星每年移动的角距离相比较，就可以得出实际距离。

赫兹普隆于1913年将这一方法应用于一些造父变星的距离测定，从而对莱维特的距离尺度进行了标定，解算出小麦云的距离为30 000光年（大约10 000秒差距）——由于印刷错误，他的论文中出现的数字是3000光年。3万光年这个数值对于当时的天文学家而言已经是一个很大的冲击了。尽管由于各种原因，它也只是略大于实际距离的十分之一，但这已经为人们估算银河系的大小和确定我们在宇宙中的位置奠定了基础。

漫长而曲折的道路

20世纪初，人们对银河系的了解进展缓慢，基本上仍停留在赫歇尔时代的认识——如果说还做了些事的话，那也只能说是倒退的。所以，荷兰天文学家卡普坦（Jacobus Kapteyn）在1906年开始这项研究时，几乎是从头开始的。他制定了一个研究银河系结构的计划，准备对天空中不同区域的，具有不同星等、光谱型、视向速度和横向运动（自行）的恒星进行计数。这个计划使用了超过40个不同天文台的观测数据，差不多历经20年的时间才完成。但它还是具有一个很大的缺陷，尽管那个时候已经知道恒星和恒星之间存在物质，但是卡普坦还是几乎没有考虑它们所导致的星光减弱现象（星际消光）——实际上，这个效应直到20世纪30年代才受到了真正的重视。所以，卡普坦于1920年发表的成果基本上还是类似于赫歇尔曾经描述过的"雾状"图像，只是细节更丰富了一些而已。新建立的银河系图像还是一个盘状的恒星系统，太阳靠近其中心。那个时候公认的观点是，即使银河系不是宇宙的中心，那些“外部”的星云也一定都是比较靠近我们的小卫星。但是这个图景甚至在卡普坦发表其成果的时候就已经开始发生改变了。最重要的第一步就是将太阳的位置移出银河系的中心。

走出这一步的重要人物是沙普利，此时正在加州威尔逊山天文台工作，他很快就将工作建立在了莱维特发现的造父变星周光关系基础之上。尽管他也走了许多弯路，这里不再赘述，沙普利在1918年报告说，他已应用造父变星的周光关系来测定许多邻近球状星团中最亮星的亮度（绝对星等），从而确定了球状星团的距离。由于它们的亮度几乎都是一样的（这并不奇怪，因为能够避免发生爆发的恒星质量是存在一个上限的），他就可以通过将不同的球状星团中最亮星的亮度进行比较，从而算出它们的距离，再进一步，他还通过假设所有的球状星团都具有一样的大小，以较差的精度用视大小来估算更远星团的距离。这些观测不大受到星际消光的影响，因为球状星团大都位于银盘的上方或下方，而银河系的尘埃主要都集中于银盘上。通过测量球状星团在空间的分布，沙普利发现它们形成了一个中心位于人马座方向的球形结构。根据这一点，他（十分正确地）推测那就是银河系真正的中心，太阳及其家族实际上都位于银河系偏远的郊区。

沙普利还应用他算出的距离来推测银河系中心的距离，然而他却在这里跌了一跤。我们现在知道他在第一步用于计算的那些恒星其实不是造父变星，而只是类似的另一个变星类别，名为天琴座RR型变星。这一类型的变星其内禀亮度低于造父变星，所以它们实际上并没有沙普利设想的那么远。结果是他的计算给出了一个尺寸巨大的银河系。他认为银河系中心的距离约为20 000秒差距（约65 000光年），而整个银盘的直径约为90 000秒差距（300 000光年）。这差不多是以前估计的银河系尺寸的100倍。这个巨大银河系的概念使得那些认为星云只是银河系卫星的观念更为流行，沙普利还通过对一些他认为拥有新星的河外星云进行亮度测量而加强了这一观念。

新星是恒星在生命晚期的爆发现象,短时间内突然变得大大亮于其他主序星。从对银河系中新星的研究可知,新星的亮度有一个限度。如果旋涡星云是与银河系类似的星系,其大小也与沙普利的估算类似,那么为了解释它们在天空中只是一小块光斑的现象,它们就必须远在数亿光年之外,但是这样一来,从地球上就不大可能看到其中爆发的新星了。然而,沙普利却指出,在旋涡星云中的确观测到了新星的存在。如果这些新星的亮度与银河系中的新星一样,那就意味着这些星云一定只是处于他的庞大银河系的外围边缘。他的宇宙图景可以总结为:宇宙中最大的天体就是巨大的银河系,占据了宇宙的大部分空间,周边还有一些附属的小星云,而且很可能正处于被吞食的过程中。但是,旋涡星云中的新星真的和银河系中的新星具有一样的亮度吗?遗憾的是,后来证明沙普利研究中使用的爆发恒星并非普通的新星,而是更为明亮的恒星爆发现象——那个时候还不为人们所知的超新星。

沙普利的同胞天文学家柯蒂斯(Heber Curtis)不同意沙普利对这些证据的解释,他给出了一幅非常不同的宇宙图景。1920 年 4 月 26 日,他们截然相反的观点一同被提交到了美国国家科学院(NAS),因此出现了天文学上著名的"大辩论"。这次辩论并没有解决什么问题,但却为探索宇宙的下一步做好了准备。

难解的大辩论

20 世纪的第二个 10 年里,在加州利克天文台工作的柯蒂斯对旋涡星云进行了大量研究。根据他的观测,计算出如果使用他的仪器(一台直径 91 厘米的望远镜,名为克罗斯利反射望远镜),天空中应该可以看到至少 100 万个这种天体。这对于那个时代的天文学家而言已经是一个惊人的数字,但实际还是比今天所知的数目小得多。根据在这些星云中观测到的一些"暗带"特征,柯蒂斯推论,银河系中一些恒星较少的区域应该也是类似的"暗带",银河系也只是一个普通的星系。他基于新星的研究得出的对这些旋涡星云的测量距离也支持了这一观点。碰巧的是，他所研究的新星确实是与银河系中的新星类似的天体，而不是迷惑沙普利的那些更亮的超新星。所以，柯蒂斯得到的外部星云的距离与现代测量值大致相同——对较近的星系而言，大约数千万光年。他成了“宇宙岛”观点的主要支持者（可以说是唯一的主要支持者），他在1917年发表的一篇论文中写道：

如果我们假定银河系和旋涡星云中的新星具有同样的绝对星等，那么显然暗弱10个星等的后者的距离要比前者远100倍的数量级。因此，包含新星的那些旋涡星云一定远在我们的恒星系统之外，而这些特别的旋涡星云，根据它们较大的角直径来判断，是属于较近的旋涡星云。

到目前为止，一切都很正确。但是，就像沙普利一样，柯蒂斯也犯了一个关键性的错误。他不接受沙普利关于球状星团距离的测定。虽然他也同意它们是分布于以银心为中心的球形区域中，但是他认为银河系的大小只有大约30 000光年，而太阳距离银河系中心约10 000光年。

沙普利的观点和柯蒂斯的大不相同，因此引发了美国国家科学院于1920年组织的题为“宇宙的尺度”的讨论。尽管后人称之为“大辩论”，但实际上涉及的讨论不多，甚至根本就没有辩论。双方各自报告了自己对于宇宙的看法，各自发表了论文，剩下的就是让听众和读者自己去做判断了。另外，尽管会议的题目是那么起的，但实际上沙普利感兴趣的还是银河系的大小而不是宇宙的尺度。实际上，在前往华盛顿特区参加会议前，沙普利在写给同事的信中说他根本就不想讨论旋涡星云，因为他还缺少强烈支持其观点的证据。会议上，沙普利的主要论断是：“近来对球状星团及相关天体的研究使我毫无疑问地相信，银河系的直径至少是之前猜测的10倍以上，若按体积计就是1000倍。”

作为会议的另一方，柯蒂斯的主要观点是无论其大小如何，旋涡星云都是像银河系一样的星系，但是他也指出，“宇宙岛理论是否成立间接地依赖于星系尺度的一般情况”，因为：

> 如果旋涡星云的确是宇宙岛，那么比较合理和最可能的推论应该是，它们的尺度与银河系为同一量级。然而，如果它们的尺度真有30万光年那么大，那么这些宇宙岛就应该处于足够远的地方，但是新星的亮度似乎不可能亮到在那么远的地方还能被观测到。

后来证明这个“不可能的亮度”还是可能的，这种超亮的现象就是超新星，但是柯蒂斯在1920年的时候对此还一无所知。他还强调了旋涡星云的光谱与银河系的总光谱是一样的。

在这一方面，柯蒂斯显得比沙普利更为开放一些。他认为：“当然，也完全有可能同时相信宇宙岛理论和银河系具有大尺度的观点，我们的银河系恰好属于尺度比较大的星系的可能性也并非不存在。”这是一种在很长时间里居于支配地位的观点，部分原因是由于人们不自觉地希望自己在宇宙中居于一种比较特殊的地位。直到1998年，萨塞克斯大学的一个研究团队（我也是其中一员）才使用哈勃空间望远镜的数据，一劳永逸地确定了，至少在空间尺度上，银河系正是一个处于平均水平的普通旋涡星系。[21]

在对银河系大小的测定中，沙普利的估计值是太大了，而柯蒂斯的估计值又太小了。但是柯蒂斯犯的错误更为严重，因为他将太阳放在了过于靠近银河系中心的地方。而就旋涡星云的本质而言，柯蒂斯是对的，沙普利错了。但是还存在另一个令人迷惑的现象，使得天文学家十分纠结于到底哪一种宇宙观才是对的。

这个迷惑是在加州威尔逊山天文台与沙普利一起工作的荷兰天文学家范玛宁（Adriaan van Maanen）无意中造成的。不幸的是，范玛宁是沙普利的好友，他在20世纪第二个10年中作出的一些论断对沙普利的思考造成了很大的影响。范玛宁对1899年至1915年间拍摄的旋涡星云(特别是一个名为M101的星云)的照片进行了研究。他辨认了星云中的一些特征细节(比如较亮的光斑)并使用一种可以将两张照片中同一视场区域进行快速比对的仪器对不同年份的照片进行了比较,两张照片上的差异很快就会跳入人眼(这种仪器称为"闪视比较仪")。范玛宁十分确信某些明亮的特征在几年的时间里发生了位移,这就意味着星云在旋转。旋转的速度很慢,大约几十万年完成一周(对M101而言,转动速度是每年0.02角秒)。如果这些星云和银河系一样大,并且像宇宙岛理论预计的那么远(M101在天空中的角直径约半度,和月球的角直径一样大),那就意味着这些星云的外围区域的空间运动速度要超过光速!范玛宁——以及沙普利——当然认为这是荒谬的。星云的转动不可能比光速还快,所以它们一定没有那么大的尺度,相对来说也就是处于较近的距离。

其他天文学家试图重复范玛宁的结果,但都没有成功。但是范玛宁仍坚持他是对的,沙普利也相信他。没有人知道范玛宁究竟是在哪儿出错了,有一种可能是因为他的观测依赖于对星云外围区域的测量,而这些区域正好位于他所使用仪器的边缘,可能是光学系统上的某种缺陷导致了这个结果,当然也可能是由于主观想象过强所致。无论如何,在20世纪20年代初,宇宙岛概念还是遭遇了诸多质疑,但是这样的时间不会太久了。

我的宇宙观被毁了

有一个人,最终终结了那种认为银河系是宇宙中最大的天体、旋涡星云仅仅只是银河系附近的小卫星的观点。他就是哈勃(Edwin Hubble),他的形象将在我们的故事中变得如此高大——部分得益于他自我宣传的能力——但也的确值得给予更多篇幅的介绍。

哈勃出生于1889年,在芝加哥上了高中和大学。他是一个不错的体育运动员,虽然没有他吹嘘的那么好,而且的确是一个天资很高的学生。他不仅学习科学和数学，也学习法语和古典文学。他在1910年从芝加哥大学毕业后，赢得了令人羡慕的罗德奖学金，从而得以在牛津大学进行了两年的法律学习。在那儿，他爱上了一种伍德豪斯*式的英国腔，并将自己变成了一个伪“英国绅士”，带上了“英式”口音，喜欢使用诸如“呸，木星！”（“Bah Jove！”）这样的表达方式。这在以后的岁月中常常激怒他的同事。哈勃并没有真正去实践过法律事务，只是作为高中教师工作了一段时间，并在1913年处理了他父亲早逝留下的家庭事务之后，成了靠近芝加哥的叶凯士天文台的一名研究生，于1917年获得了博士学位。他的主要工作是使用叶凯士天文台的1米折射望远镜（那个时代最好的天文仪器）拍摄尽可能多的暗弱星云照片。在他结束这项工作之前，他得到了威尔逊山天文台的一个职位，参与完成了2.54米反射镜的建造工作。但是那一年，美国加入了第一次世界大战，哈勃申请延后入职，因为他加入了步兵团并出发去了欧洲。

哈勃的军事生涯十分平淡。官方记录显示他到达法国不久，战争双方的敌对状态就已结束了，他实际上没有参加任何战役。那当然不是他的错，但他在后来的生活中总是给人一个印象，好像他受过伤并影响了右肘的活动性。无论真实的原因是什么，这个伤痛的折磨却是真实的。战争结束后，哈勃少校（他是多么希望日常生活中也能经常被这么称呼啊）一直拖延着不愿离开他喜爱的英国生活，直到激怒了他在威尔逊山的雇主，因为新望远镜已经建成并开始运转了。1919年9月，即将30岁生日的时候，他终于来到威尔逊山天文台。在那里，他与沙普利共事了一段时间，沙普利后来于1921年前往哈佛大学。两位天文学家的关系并不太好。沙普利是一种比较脚踏实地的性格，哈勃的做作经常为他诟病。反过来，哈勃也十分看不起沙普利。

---

* 伍德豪斯（P. G. Wodehouse）是20世纪上半叶的一位英国著名幽默作家。——译者

哈勃的第一项重要工作是他的博士研究课题,即根据星云(星系)的外貌给它们分类。他在这项工作中的重要贡献是认识到存在两种类型的星云,一种是已经熟悉的旋涡类型;另一种是独立的椭圆类型,它们没有旋涡结构,但具有多种形态,从球形(类似球状星团)到雪茄形都有。我们现在普遍认为椭圆星系是由旋涡星系彼此合并而成。这项工作直到1923年才完成,但在此期间,哈勃已经成了一名可以熟练操作2.54米新望远镜的专家。随后,他就将注意力转向了测定星云距离的问题。

哈勃坐拥当时世界上最好的两台观测设备,1.5米和2.54米反射望远镜,有最理想的条件来检验宇宙岛的观点。他已经为这个观点所说服,但他还是十分谨慎,没有拿到坚实证据之前不会贸然出击。他开始着手搜寻星云中的新星,1923年夏天的时候在一个名为NGC 6822的不规则星云中找到了多颗变星,进一步研究确定了其中11颗是造父变星,由此求出NGC 6822的距离为700 000光年,超出了哪怕是沙普利所估计的那么巨大的银河系的边界。以此为基础,哈勃向着宇宙深处跳出了一大步。

在此发现的鼓舞下,哈勃加强了对旋涡星云的搜索和研究。1923年10月4日,尽管观测条件并不好,哈勃还是使用2.54米望远镜拍摄了一张仙女座星云(M31)的照片,云状星云的里面出现了一个明亮的光点,"怀疑是新星",他在记录本上写道。第二天晚上,天文"视宁度"较好,他拍摄的照片依然可见此亮点。"证实为新星",他如此记录。更详细的研究之后他发现照片上不止有一颗,而是有三颗新星。哈勃赶紧查询了该星云以往的照片档案以确认它们是否真的是"新"的星体,而不是什么以前曾经看见过的东西。结果表明有两颗是真的新星,但是另一颗则确实在以前就出现过,尽管还不理解为什么会这样。这是一颗亮度发生变化的星——变星。但是,会是哪一种变星呢?为了解决这个问题,必须抓住一切机会来监视它的变化。

1924年2月,监视工作得到了哈勃所需要的证据。经过三个晚上的观测，他看到这颗星的亮度增加了一倍，结合以前的档案数据和他自己早些时候的观测数据，他确定了这颗变星的光变周期。这是一颗周期为31.415天*的造父变星。2月19日，着急的哈勃向沙普利报告了这个发现："你一定会很感兴趣，我在仙女座星云中发现了一颗造父变星。"他还在伤口上又洒了一把盐，指出他应用沙普利曾经用于解算球状星团距离的关系式，求出仙女座星云的距离至少为100万光年，如果考虑星际消光的话，可能还要更远。这的确是需要类似银河系这样的"宇宙岛"来作解释了，这样一来银河系就只是一个星系而已，不再是整个宇宙了。佩恩-加波施金此时恰好在沙普利的办公室里，听到他收到消息后这样说道："这封信毁了我的宇宙观。"随后又说道："我原来是那么相信范玛宁的结果。[……]他是我的朋友。"

对哈勃而言，下一步工作就是显然的了。他需要测量尽可能多的星系距离，他需要一个助手。这个计划导致了另一个比降低银河系在宇宙中所处地位之发现更为激动人心的新发现——但是这个发现其实早在哈勃获得博士论文之前就出现了，比起他对M31距离的测定来说就更早了。

---

* 此为本章标题数字的来历。——译者

第六章

575:发现膨胀的宇宙

宇宙膨胀可谓是科学史上意义最为深远的发现之一,它直接导致人们认识到宇宙也有一个开端。走向这一发现的第一步来自洛厄尔天文台(位于亚利桑那州的弗拉格斯塔夫镇)的斯里弗(Vesto Melvin Slipher,他的同事常常称他为"VM")在20世纪第二个10年进行的工作。

令人惊讶的速度

斯里弗出生于1875年,1901年完成在印第安纳大学的学位学习后来到弗拉格斯塔夫镇,接受天文台台长洛厄尔(Percival Lowell)的任务,开始学习使用一种新的光谱仪。洛厄尔来自富有的波士顿的家庭,于1894年创建了这座天文台,建台的动力来自他对火星"运河"的痴迷,他认为这是红色火星上存在智慧生命的标志。* 这台新仪器最初

* 这座天文台今天的知名度是因为它和探索频道望远镜(Discovery Channel Telescope)联系在一起,而这台望远镜实际上位于弗拉格斯塔夫镇西南64千米处一个名为快乐杰克的营地。

的目的是尝试测量金星的自转，他对此也持有特别的兴趣。此后几年斯里弗的主要时间都用于行星研究，他也成了操作光谱仪的专家。1906年，在洛厄尔（他和其他许多同时代人一样，也认为旋涡星云应该位于银河系之内）的建议下，斯里弗对旋涡星云的光谱作了一次不太成功的测量。但是在1909年*，听说许多其他天文学家都转向这个问题的研究之后，他决定再作一些尝试。

斯里弗从事研究所用的仪器十分一般——一具直径61厘米（24英寸）的折射望远镜和一台有点古怪（但现在已经很熟悉了）的光谱仪。尽管在那个时候恒星光谱分析已经是一个很成熟的技术了，但要获得星云的光谱还是颇为困难的，没有什么人得到过理想的结果，即使使用了更大的望远镜也无济于事。但经过几个月耐心使用各种方式进行实验之后，在洛厄尔天文台主要工作之外的"空余"时间里，他找到了一个使用现有的望远镜—光谱仪组合获得诸如仙女座星云这类星云光谱的方法。1913年1月，斯里弗得到了4张可以测量其中星云谱线的照相底片，这得益于他的光谱仪配置了一个新的照相镜头。令人惊奇的是，他发现这些谱线都向光谱蓝端方向有所偏移，如果用多普勒效应来解释，就意味着仙女座星云正以每秒300千米的速度朝向我们运动，毫不奇怪，这个发现刚发布时得到的都是怀疑的目光。

斯里弗仍然坚持了下去。到1914年的时候，他已经测量了15个星云的光谱，并在当年8月举行的美国天文学会学术会议上作了报告，在这些星云中，只有3个显示为蓝移，其他11个都是红移。这显然是一个非常重要的发现，所以汇报结束的时候全场起立向他祝贺。其他的观测者也开始证实他的发现。然而，斯里弗使用的望远镜不够强大，这给他造成了限制，他于1917年发表的最详尽的论文中也只包括了十几个星云，累加起来一共有25个星云，其中4个是蓝移，21个是红移。

---

* 他在同一年获得了印第安纳大学授予的博士学位，他曾时不时地离开洛厄尔天文台，到那里去完成他的论文工作。

红移对应的速度范围从每秒150千米到每秒1100千米,这就意味着这些旋涡星云,不论它们究竟是什么,一定超出了银河系的引力控制。到1917年的时候,斯里弗已经毫不怀疑以下论断:

人们猜测旋涡星云是距离遥远的恒星系统已经有很长时间了。这被称为"宇宙岛"理论。它认为我们的恒星系统,也就是银河系,是一个我们只能从其内部进行观测的巨大旋涡星云。在我看来,这一理论已经得到了现有观测的证实。

这些观测还发现了其他一些有趣的现象,却没有得到应有的关注。如果用速度来解释红移,就意味着星系在各个方向都在远离我们。但是更准确地说,它们也并非完全是远离我们。当斯里弗对这些速度数据取平均的时候,他发现所有的旋涡星云(至少是他所研究的那些)作为一个整体具有相对于银河系的运动——或者说是银河系沿着某个方向相对于这些星云在运动,相对速度约每秒700千米。他将这个运动描述为"空间漂移"(竟然在漂移!)。这是一个意义深远的发现,因为它为银河系只是一个普通星系提供了更强的证据,而且更进一步说明了我们不在宇宙的中心。

然而,斯里弗的观测并没有解决关于旋涡星云的本质是什么的问题,这个问题的争执一直到20世纪20年代仍在继续。这部分是因为沙普利及其支持者们关于"银河系尺度巨大,是宇宙中最大的天体,附属许多小星云"的观点仍有回旋的余地。他们认为这些旋涡星云都是被银河系抛向外太空的小天体。尽管斯里弗持续进行关于星云光谱的测量,但对改变这一观念并无帮助。斯里弗到1922年时已经测量了41个星云,几乎大多数(36个)都表现为红移。他没有发表这个结果,只是在洛厄尔天文台的内部报告中提到,因此该结果没有得到广泛的阅读,尽管天文学家爱丁顿和斯特龙伯格(Gustav Strömberg)曾经做了一些转述。然而,当哈勃开始测量斯里弗所研究的这些星云的距离,随后又由他的同事赫马森(Milton Humason)继续测量更为遥远的星系的距离和红移时,一切都变了。

抢夺荣誉

哈勃知道斯里弗的所有工作,并于 1928 年参加了在莱顿举行的一次科学会议,在那里与德西特讨论了基于爱因斯坦广义相对论的宇宙新理论。哈勃也知道那些看起来较小、较暗的星云具有较大的红移。如果假设所有的旋涡星云都具有类似的大小,那么红移就可以作为距离的指标,红移越大的星云距离我们越远。实际上,一年前的 1927 年,哈勃已经开始指导威尔逊山天文台的初级观测员赫马森去测量两个近距星系的红移(这里的"近距"是通过造父变星法得知的)以检验斯里弗的观测。赫马森证实了它们的红移相对较小,这与较近的星系具有较小的红移的观点是一致的。

哈勃并不特别关心红移产生的原因,但他为可用红移来测量距离的想法而兴奋,因为很多已经无法继续用造父变星法来测量的暗弱星系(他猜测是因为距离太远)仍然可以测量其红移。为了证明红移和距离之间存在关系,就必须使用 2. 54 米望远镜尽可能多地测量星系的红移和造父距离。这项工作非常乏味且耗时,因此哈勃需要助手。如果在他使用造父变星法以及其他一些小技巧来测量距离的同时,有一个同事能来测量它的红移,那么他就可以把这两个量合在一起求出红移和距离之间的关系。这个项目的最佳伙伴显然就是赫马森,不仅因为他已经是 2. 54 米望远镜的一级观测员,而且他的背景使得他的地位要比哈勃低很多。这就意味着哈勃可以确保(他一直都是这样)自己得到这个项目的最大收益(如果不是全部的话)。

赫马森于 1891 年出生于明尼苏达州,但在儿童时期就全家移居到了美国的西海岸。他在 1905 年的一个露营活动中第一次访问了威尔逊山,那个天文台当时才刚刚开始建设。他太喜欢这座山了,竟然退学在威尔逊山的旅店中找了一份摇铃童的工作(令人惊讶的是,他父母居然同意了),但是此时还只是位于山坡下方。他后来设法成了运输建设物资和设备上山的骡车车队的驭手,顺着车道进入了天文台。1.5米望远镜建成后还有很多建设工程在继续,随后又开始了2.54米胡克望远镜的建设,这台望远镜是洛杉矶的著名商人胡克(John D. Hooker)投资的。1911年,赫马森与这个建设项目的首席工程师的女儿多德(Helen Dowd)成婚,但是直到1913年他们的第一个孩子出世,他都还没有工作。现在,他必须要有一份工作才能养活他的家庭,在做了一段时间的园艺工之后,他设法于1916年在帕萨迪纳的外围买下了一个果园(按加州的说法是一个柑橘牧场)。然而赫马森却从未在其中生活过,因为随着2.54米望远镜的落成,天文台开始扩招职工,他在岳父的帮助下终于在这里得到了一份工作,成为山上的夜间看门人。

这个工作听起来好像很不起眼,但实际上并非如此。此时已是1917年11月,欧洲的战争正在激烈地进行,所以只要天文学家需要,无论是操作望远镜指向正确位置,还是泡咖啡或冲洗照相底片,赫马森什么事都得做。报酬只有每月80美元,但他得到了一间免费的住宿小屋,工作时还提供免费餐。历史没有给我们留下他的妻子对其工作变化的感受,但是事实证明赫马森十分适合他的工作,很快就获得了"夜间助手"的身份,开始获准进行一些他自己的观测。包括沙普利在内的许多天文学家都愿意给他做指导,其中一位名叫尼科尔森(Seth Nicholson)的还教授他数学,使得他进步很大。沙普利后来将其描写成"我们拥有的最好的观测者"。在沙普利的推荐下,赫马森终于在1922年成了"助理天文学家",而实际上他担任没有头衔和薪水的观测员已经多年了。

此时的沙普利即将离开威尔逊山前往哈佛大学工作,他刚刚在不久之前与一次重大发现擦肩而过。那个时候,星系和其他天体的照相影像都记录在玻璃底片上,那上面覆盖有特制的化学物质。这些底片通常需要曝光好几个小时,需要在黑暗而寒冷的望远镜圆顶室中进行操作，直到这些影像被化学方法“固定”在底片上。底片的一面将留下永久的影像，而背面则是空的。所以，天文学家可以在玻璃底片的背面写写画画，标注天体的有关信息。1920年至1921年的冬天，29岁的赫马森还不是正式的天文学家，他被沙普利安排去检查一系列仙女座星云的照片，大部分是沙普利在过去十几年内拍摄的，希望了解它们随着时间的流逝发生了什么变化，特别需要注意是否发生了自转。在这些照相底片的影像中，明亮的天体表现为黑色，赫马森发现了多个看起来像恒星的黑点。更引人注意的是，这些点在有些底片上有，而在其他底片上却没有，这就意味着它们可能是变星，甚至可能就是造父变星。他用墨水在底片背面标出了这些特别值得关注的天体并将它们交给了沙普利。沙普利坚信旋涡星云是银河系内部的物质云团（最多也只是邻近的小天体），因而从口袋里取出手帕，将那些标记擦去，并耐心地向赫马森解释仙女座星云中为什么不可能有变星。赫马森没有资格去争辩，只能保持沉默，多年之后才提到了这些事。1921年的沙普利因此与发现仙女座星系之距离并打开宇宙之门的荣誉无缘。这件事给我们的一个重要的教训就是，理论必须建立在观测基础之上，而不是让观测去依从于理论。

赫马森在1928年得到哈勃关于测量红移的任务时并不开心，因为这就意味着他要在山上冰冷的冬天通过长时间的曝光来得到照相光谱（这比获得星系的照相影像要困难得多）。这一工作一定要在冬天进行，因为这样可以获得尽可能长的黑夜时间，而且望远镜圆顶室不会因为受热而出现空气旋涡导致“视宁度”变差。尽管望远镜自身带有自动导星装置，可以追踪由于地球自转而造成的天体在天空中的移动，但是它们并不完美，实际上还是需要观测者一直坐在仪器前的笼子里，监视那个较小的导星望远镜，随时调整仪器以确保它们一直指向正确的方向。即使这样，一个晚上也还是不足以得到赫马森所需要的那种精细影像。一轮观测之后，必须从光谱照相机中取出玻璃底片（黑暗之中），放进一个密封遮光的盒中，以便第二个晴夜时再将其拿出来（黑暗之中)装回照相机,然后将望远镜精确指向同一位置,继续进行数小时寒冷、乏味、耗眼睛的拍摄工作。然而,无论他是多么不喜欢这个工作,赫马森还是从事这一任务最好的观测员,他开始测量那些超出斯里弗望远镜能力范围的更暗星系的红移了。

与此同时,哈勃正在测量距离,首先是斯里弗已经测量过红移的星系。他测出了其中 6 个的造父距离,并据此作出粗略的判断,认为星系中最亮的星差不多是一样亮的。因此,如果假设星系里的最亮恒星具有平均的内禀亮度(绝对星等),他就可以根据它们的视亮度估算出更遥远的、难以观测到造父变星的星系的距离。他因此又得到了 14 个星系的距离。利用这 20 个星系的数据表,他计算了星系的平均亮度,并用此数据又粗略估算了 4 个星系的距离。到 1929 年,他已有了 24 个星系,其中 20 个已由斯里弗测出了红移,另有 4 个星系的"新"红移是由赫马森得到的。这对于哈勃提出他著名的红移—距离关系图已经足够了,这个表明星系离开我们的距离正比于其红移所对应的速度的规律后来被称为"哈勃定律"。他及时地将其发表于《国家科学院通报》(*Proceedings of the National Academy of Sciences*)上,但是对其中的数据作了一个明显的调整。

尽管哈勃发表于 1929 年的论文中没有引用斯里弗的工作[这是一个令人吃惊的忽略,而且肯定是故意的,历史学家唐拉戈(Don Lago)说"哈勃的装聋作哑并非无关紧要",沙普利也将哈勃描述成"极端荒谬的自负自大"[22]],他发表的"速度"值实际上已经作了一个调整,减去了每秒 700 千米的银河系漂移值,而这正是斯里弗的发现。这样,他就得到了一个明确的速度—距离关系,每秒 500 千米的速度对应于 100 万秒差距(简写为 1 Mpc)。与每秒 1000 千米的速度相当的红移也就对应于 2 Mpc,依此类推。这个数值,即 500 千米每秒每百万秒差距,就被称为哈勃常数,标记为 H,它的精确数值在未来很长时间里都将成为各种大争论的焦点。但是我们还需要强调另外一点,尽管红移的单位是用速度单位(即千米每秒)来表示的,哈勃还是十分谨慎地避免将它们解释为多普勒效应。他只是感兴趣于将它们作为距离的指标,他在 1929 年对《洛杉矶时报》(*Los Angeles Times*)的记者说:“很难相信这些速度是真实的。”

一旦哈勃定律得以发表,哈勃常数得以确定,任何星系只要能够测定红移就可以确定其距离了。在与哈勃同时发表的另一篇论文中,赫马森报告了红移最大的一个星系,这是一个位于飞马座的名为 NGC 7619 的星系。他为此连续曝光了多个夜晚,累计 33 个小时,后来又增加了 45 个小时。得到的红移结果相当于 3779 千米每秒的速度,这比斯里弗测定的最大红移大了一倍,相应的距离约 8 Mpc,即 2500 万光年。这一突破的重要意义还在于给予了威尔逊山天文台的领导者足够大的压力,迫使他们去购买更好的光谱仪和更为灵敏的照相底片,这样才有可能使赫马森在不太理想的工作条件下继续走向宇宙深处。此后 10 年,观测对象又增加了 40 多个星系,最远距离达到了 1 亿光年。虽然红移工作的开创者是斯里弗,而将其推向当时所能达到的极限的是赫马森,收获荣誉的却是哈勃。他成为了迄今仍在使用的定律的冠名者。但是,这一切意味着什么呢?实际上,连哈勃自己也都没有意识到,即使在 1928 年,已经有一些理论开始在猜测宇宙的膨胀了——至少已经开始猜测红移和距离之间应该存在某种物理关系。

俄罗斯人带来的革命

爱因斯坦于 1915 年底提出了广义相对论,很快就被应用于整个宇宙的数学描述。这其实并不过分,因为广义相对论描述的就是空间、时间和物质的相互关系,严格地讲它只能应用于空间、时间和物质的“整个”集合,也就是宇宙。当它被应用于描述小于整个宇宙 * 的事物,例

---

* 依据惯例,英文大写字母开头的“宇宙”是指我们在其中生存的实体世界,小写字母开头的“宇宙”是针对一种可能世界的数学表述(或称为模型),其中要求遵从若干物理定律,但是不一定与我们实际生活的世界保持一致。

如水星公转轨道时,它实际上是作了一种近似的处理,当然这种近似的精度已经足够让你满意了。爱因斯坦于1917年发表了他的突破性宇宙学论文,题为《基于广义相对论的宇宙学之思考》(Cosmological Considerations Arising from the General Theory of Relativity)。他深受当时主流观点的影响,也认为银河系代表了整个宇宙,银河系中的恒星相对运动都较小,而且没有整体的物质外流或内流。他倾向于认为宇宙是封闭的,就好像地球或其他任何球体那样。球体有着有限的表面积但却是无边的,一个球形宇宙同样也是体积有限却没有边界的——无论你沿着哪个方向直线向前,你最终都会环绕宇宙一圈而又回到起点。

但是这样也存在一个问题。"闭合"的宇宙会导致坍缩,因为所有的物质都通过引力而互相吸引,无论是牛顿理论还是相对论都是这样。为此,爱因斯坦在他的方程中加上了一个额外的项,称之为宇宙学常数,并用希腊字母Λ来做标识,所起作用相当于压力,或者说是空间的弹力,方向向外,这样就可以与引力的内向作用取得平衡。其结果就是一个封闭的、包含物质的球形宇宙的数学表达式,但又十分稳定,因为恒星的速度都不大,爱因斯坦认为应当如此。

1916年,爱因斯坦在思考这些概念的同时,与荷兰天文学家德西特也做了讨论,此人很快也发展了这一课题的另一种变体理论。荷兰在第一次世界大战时是中立国,所以相对来说可以比较容易地得到来自德国的爱因斯坦的新消息,然后还可以传递给英国——特别是爱丁顿。德西特在《皇家天文学会月刊》(*Monthly Notices of the Royal Astronomical Society*)上发表了他自己的工作。这在说英语的国度里引起了天文学家对爱因斯坦之突破性成果的关注,但也显示出还存在许多爱因斯坦尚未认识到的新概念。德西特发现,广义相对论的方程也可以用于描述一种虽然稳定但却空无一物的宇宙——只有时空而没有物质。这样一种空的时空当然不会坍缩,因为其中没有可以引起坍缩的物质,因此也就不需要引入宇宙学常数,当然如果你喜欢也可以加上一个。然而,德西特更感兴趣的是,由于宇宙中的恒星数量与巨大无垠的空间相比简直微不足道，它的模型是否可以成为现实世界的一个理想近似。他在数学上做了一个等效的操作，将少量物质撒入了他的空宇宙，得到了一个惊人的发现。如果这些"测试粒子"能辐射出光，那么当这些光离开粒子的时候，它们的波长会被拉伸，或者按照他自己的说法，"光的振动频率会减小"。这就是一种红移，但它却是德西特宇宙的时空特性，而不是多普勒效应，也不意味着宇宙在膨胀。但是德西特知道斯里弗的工作，也是最早接受旋涡星云是银河系之外的遥远天体的第一批天文学家。爱因斯坦感到十分困惑，给德西特写信指出他认为那没有什么意义。更糟的是——或者按照现代的观点来说更好的是——各种形式的宇宙模型接踵而来。

此后几年，许多人开始尝试将相对论方程应用于宇宙（或多宇宙）研究。然而真正抓住关键，引入完整描述相对论宇宙学之形式的是一个俄罗斯人：亚历山大·弗里德曼（Alexander Friedmann）。

弗里德曼1888年出生于圣彼得堡。他的父亲是一名芭蕾舞演员，母亲则学习钢琴，结婚的时候她才16岁，她的丈夫也才19岁，没能在事业上为她提供什么机会。这段婚姻只持续到了1896年，当时亚历山大才8岁。他父亲再婚，亚历山大在他父亲的新家庭中成长。虽然他的家庭具有这样的艺术背景，他却喜爱物理学，而且正好赶上了20世纪头10年新发展起来的量子力学和相对论。他在23岁的时候结婚了，那一年他刚刚从圣彼得堡大学毕业，随后在那里工作了两年。1913年，弗里德曼在巴甫洛夫斯克的物理观测基站得到了一个气象学家的职位。战争爆发的时候，他志愿作为技术专家为俄罗斯空军提供气象观测服务，这一工作需要乘飞机（作为观测者或乘客）飞往奥地利前线的敌占区，非常危险，至少有一次差点坠机。他因此而被授予了俄罗斯圣乔治十字勋章。弗里德曼逃过了1917年革命的混乱——他因为年轻且支持革命而在左翼政治派别中十分活跃——并被任命为彼尔姆大学的教授。但是他不得不逃了出来，因为在革命之后的内战中，这个地区为白军所蹂躏。1920年，他在已被改称为彼得格勒的家乡安顿下来,继续在科学院从事气象学研究,很快就成为苏联所有气象观测站的负责人。但是他英年早逝,死于1925年访问克里米亚时的伤寒感染*。(圣彼得堡/彼得格勒此时又更名为列宁格勒。)那时距他发表这个关于宇宙学的革命性理论才刚刚三年。

虽然弗里德曼在职业上是一个气象学家,他却在毕业之后的动乱岁月里一直尽其所能紧跟相对论,包括广义相对论的发展。看起来他是在1917年看到爱因斯坦的重要论文之后就开始思考广义相对论的宇宙学含义了。虽然这只是他的副业,而且周围充满了混乱,他却还是仅用几年时间就使自己的想法成形并发表出来。这一理论发表的时候,就已经是一个杰作了。更有利的是,尽管弗里德曼的论文是基于数学进行描述的,但是其关键思想却可以仅用普通的语言就得到简单的解释。

弗里德曼最重要的洞察是,爱因斯坦的方程并非只能描述一个单一的宇宙,而是允许多种宇宙模型的存在。例如,爱因斯坦的静态宇宙和德西特的空宇宙都是弗里德曼给出的宇宙大家族的一员。这些宇宙中有一些看起来类似于我们所居住的宇宙,也有许多完全不同。一旦这些观点被完全接受(在哈勃和赫马森的工作之后),研究宇宙学问题的关键就变成了寻找最接近我们的真实宇宙世界的那一种模型。这些模型中有些是带有宇宙学常数的,有些则没有。大部分受到关注的模型(也就是比较符合真实宇宙的模型)都没有宇宙学常数,当然这个问题在1922年的时候还不是那么引人注意。

我们在这里不去关心那些只有数学家才会关注的古怪求解,只需了解弗里德曼提供了三种可供选择的宇宙模型,它们都具有膨胀特性,但没有Λ项。特别关键的是,弗里德曼指出膨胀是空间自身的拉伸,而

* 这是官方的说法。根据那个总是喜欢搞笑,也常常不靠谱,但却是弗里德曼学生的伽莫夫的说法,弗里德曼是死于肺炎,在一次高空气象观测中在开放的气球篮中因着凉咳嗽而受到了感染。确实有记录表明弗里德曼参与了1925年7月的一次7400米高度的飞行,此时距他逝世只有两个月。

不是其中运动的任何物质所造成的。在第一种宇宙中,膨胀将持续下去,但由于其中所包含物质的引力影响,会随着时间的推移而越来越慢。这种宇宙被称为“开”宇宙。在另一个极端,宇宙会膨胀一段时间,然后引力作用超过了膨胀效应,使得它又重新收缩回来。这是一种“闭”宇宙。开宇宙和闭宇宙都可以有多种情况,对应于各种膨胀速度。但是还存在一种特别的情况,宇宙正好处于开宇宙和闭宇宙的分界线上,这个模型会永远膨胀,越来越慢,但也永远不会停止下来。这种情况被称为“平直”宇宙,这是因为将其类比于一个球面,如果这个球膨胀到一个巨大的尺度,看起来就像是完全“平直”的。在此,我不想过多偏离我们的故事,大家只需知道我们的宇宙似乎与平直宇宙颇为接近,尽管它也可能是开放的或是闭合的。

弗里德曼在1922年发表其论文之前就曾写信给爱因斯坦,寻求这位伟人的支持。按照伽莫夫的描述,爱因斯坦用“坏脾气的评论”拒绝了这个思想。弗里德曼最终还是发表了这篇论文,爱因斯坦此后专门发了一篇短文(只有11行),称弗里德曼的结果与他(爱因斯坦)的方程并不相容。然而,他再次思考后又于1923年发表了另一篇短文,取消了之前的评论。爱因斯坦开始接受弗里德曼的结论,但还是坚持认为那只是求解广义相对论“场方程”的一些数学游戏,与真实世界无关。爱因斯坦档案中保留的一份关于1923年评论的草稿中,可以找到多个正式发表文章中被略去了的关键词。他认为弗里德曼的模型“很难说有什么物理意义”。然而不到10年,他就被迫改变了他的想法。

如果弗里德曼还活着,这个改变可能很快就会发生。1923年,弗里德曼在《空间和时间的世界》(*World as Space and Time*)一书中表述了他的思想,他将这些方程作为封面,书中思想包括了宇宙膨胀的显然推论,就是宇宙在过去应该比现在的小,而且在很久很久以前,可能会非常的小。他比较偏爱一种循环宇宙的观点,可能会从一个很小的状态(也可能就是一个点)开始膨胀,到达一定的极限后开始收缩,缩成一个点后又“反弹”进入另一次膨胀和收缩的循环。他是这么写的:

例如，曲率半径可能从某一个数值开始一直增大，也可能是周期性的变化。在后一种情况下，它会导致宇宙收缩成一个点(什么都没有的状态)，然后又增加其半径到某一个数值，然后又收缩成一个点。[……]虽然由于缺乏可靠天文学数据的支持，到现在为止仍无法得到任何可以表述我们这个宇宙之生命周期的数值。但是出于好奇，如果我们计算宇宙从一个点开始到现在这个状态的时间，也就是“创世”迄今所经过的时间，我认为应该为数百亿年。[23]

这段文字发表于1923年！这是后来众所周知的大爆炸理论的第一个科学描述，也是第一次用宇宙学方法对宇宙年龄作出的估计(只是偏大了一些而已)。但是，与爱因斯坦一样，整个科学世界都还没有准备好接受弗里德曼在20世纪20年代早期产生的这个突破性思想，而且由于他的早逝，也再没有人来推进这个思想——直到另一个研究者独立地产生了类似的思想。

神父出手解争端

勒梅特(Georges Lemaître)比弗里德曼年轻6岁，1894年出生于比利时的沙勒罗瓦并在教会学校受教育。1914年他20岁，原本计划做土木工程师，结果却志愿服兵役参加了第一次世界大战。他因此获得了比利时英勇十字勋章，战争经历对他影响很大，使得他决定同时兼顾科学研究和教士工作，实际上他在9岁的少年时期就表现出了想成为一名神父的兴趣。

1920年的时候，他获得了比利时勒芬大学的物理学博士学位，那时比利时的这个学位只相当于现代的硕士，然后他开始学习神学并获得了神父的任命。学习神学的同时，勒梅特还准备了相对论的论文，这使得他获得了在剑桥大学学习一年(1923—1924年)的资格，他的导师正是爱丁顿。爱丁顿将他描述为"一个非常聪明的学生,思维敏捷、清晰,而且具有很强的数学能力"。[24]勒梅特随后又从剑桥大学转去哈佛大学天文台,1924—1925年间与沙普利一同进行学术研究,此后又和佩恩等人一起工作,直到关于旋涡星云的争辩得出了结果。在美国的时候,他遇到了斯里弗,参加了在华盛顿特区举行的、哈勃宣布其关于仙女座星云的距离测定结果的学术会议,并拜访了哈勃以便了解更多关于星云距离测量的情况。哈勃的结果激发了他将广义相对论应用于描述实际宇宙的兴趣。他从一开始就关心红移测量的物理学意义。

勒梅特在哈佛的工作为他以后获得博士学位创造了条件,因为那时的天文台不能授予博士学位,所以就像佩恩的博士学位是由拉德克利夫学院授予的一样,勒梅特的博士学位也是1927年由麻省理工学院(MIT)授予的,博士论文题为《根据相对论得到的恒定均匀密度流体球的引力场》。相关的方程当然也可以应用于均匀密度的宇宙,但是有点不同的是密度并非恒定,而是随着时间而改变。其中部分工作于1925年就已发表,证明了此类宇宙的半径会"随着时间而增大"——也就是说,空间中所有的点和点之间的距离都会不断增大。他是将此应用于真实时空膨胀的第一人。但是没有人给予响应。得到这一美国的博士学位之后,勒梅特回到了比利时勒芬大学工作。在这里,他更彻底地研究了如何协调基于广义相对论的各种宇宙模型与斯里弗揭示的红移事实之间的关系问题。

这就是勒梅特的方式与弗里德曼(此时还不为其所知)、德西特等之前的研究者的方式之间最大的不同。他从一开始就不仅仅满足于数学模型,而是致力于使理论与观测相符合。

勒梅特第一个提出星系应该被看做等价于德西特膨胀宇宙中的"检测粒子",但他改进了德西特的工作(基本上是独立地再现了弗里德曼的结果),发现了在爱因斯坦方程的解中,宇宙的大小(可以用检测粒子之间的距离来测量,或者用更技术一点的说法就是"曲率参数",有时也可以说成是"宇宙半径")依不同的研究方式而不同。他比较偏爱的模型是一种其大小随时间而变化的闭宇宙，所以用这种方法测量的宇宙大小就会增长或收缩。因为他知道斯里弗的工作，他看到了膨胀的宇宙模型用于描述真实宇宙的可能性，但他仍保留了宇宙学常数，将其作为一个可调节的参数，这样可以允许更多种可选择的宇宙模型。

斯里弗的证据表明星系越暗，也就是说距离越远，其红移就越大，这一事实使得勒梅特更为偏爱这样一种星系的"速度"* 与其距离成正比的宇宙模型，这就是著名的"哈勃定律"。它实际上更应该被称为勒梅特定律，因为它于1927年就已发表于比利时的一个刊物上，但没能为其他国家所知，而且由于一系列的意外，直到1931年才为人所知。

这篇论文的标题译成英文是《能够解释河外星云视向速度的，质量不变但半径不断增大的均匀宇宙模型》，本应该会引起相关领域人们的注意。勒梅特还特意寄了一份副本给爱丁顿，然而后者却没有将其扩散到世界上为人所知，显然应当为此而受到责备。这篇文章中有许多文字是值得广为传播的，以下是一段摘录：

> 当我们使用这样一种共动坐标以及相应的时空分割，以保持宇宙的均匀性时，我们将发现这个场不再是静态的。宇宙的形式与爱因斯坦的一样，但是其半径不再是常数，而是根据某一特别的定律随时间而变。

这一特别的定律就是哈勃定律。勒梅特使用的是斯里弗的红移（被解释为"视向速度"）——来自斯特龙伯格（Gustaf Strömberg）1926年的论文——其距离则基于哈勃曾经导出的星系视亮度（星等）与距离的关系。这是一种十分粗略的估计距离的办法，但是对于勒梅特而言已经足够确定红移和距离的关系了，他得到的后来被称为哈勃常数

* 这其实是一种伪速度，因为它实际上反映的是空间的拉伸，而不是星系在空间里的运动。

的那个比例常数是575* 千米每秒每百万秒差距。这里的计算中也已经减去了斯里弗发现的银河系的相对“漂移”运动。这已经非常接近于两年以后哈勃发表的数值。正如宇宙学家皮布尔斯在他的《现代宇宙学》(*Modern Cosmology*)一书中写的那样,有很多人怀疑“这两人之间一定有过某种通信联系”。自负、自大的哈勃是否故意在论文中忽略了勒梅特的工作,就像他忽略了斯里弗的工作一样?如果真是这样的话,那就完全是其品行的问题了。

在1927年秋的一次科学会议(索尔维会议)上,勒梅特很快获得了一个与爱因斯坦交流其工作的机会。30年后,他在一次电台访谈中回忆说,爱因斯坦认为,无论方程如何,其模型从物理角度看都是“糟糕透顶”**,包括斯里弗红移在内的天文观测看起来也是充满了荒谬。比较确信的是,正是在这次交谈中勒梅特才知道了弗里德曼具有开创意义的工作。几个月后,1928年举行的国际天文学联合会的一次会议上,德西特也断然拒绝了这个不大为人所知的比利时神父的工作。***

无畏的(当然,可能还是有一点气馁的)勒梅特继续发展他的理论。虽然他也没有尽很大的努力来推广其工作,但还是在哈勃和赫马森发表他们关于红移与距离关系的第一篇论文之前,在1929年1月31日于布鲁塞尔举行的一次会议上解释了他关于红移效应是由于空间随时间流逝而发生的拉伸作用,而并非星系在空间的运动产生的多普勒效应的重要观点。正如他在1927年的论文中就已经清楚地提出了的那样,红移是“宇宙膨胀而产生的宇宙学效应”。

虽然这一切都是公开发表的,勒梅特的工作还是被忽略了,当哈勃及赫马森发表的工作在几个月之后就被接受并获得喝彩的时候,他深

---

* 此为本章标题数字的由来。——译者

** “你的数学计算是对的,但是你的物理洞察力实在是糟糕透顶。”

*** 有一个原因可以解释为何当时的物理学家普遍忽视了这个令人兴奋的新观点。因为它正好出现在量子理论对亚原子世界的革命性理解正取得重大突破的同时,大多数物理学家的注意力都关注在这一领域的发展,而广义相对论和宇宙学则被看做是可有可无,没有什么实用价值。

感震惊。他写信给爱丁顿重新提及他于1927年发表的论文,爱丁顿的一位学生麦克维蒂(George McVittie)后来回忆说:"我非常清楚地记得那一天,爱丁顿满面羞愧地给我看了勒梅特的来信。[……]爱丁顿承认,他虽然看过勒梅特1927年的论文,却把它忘得一干二净,直到这一时刻。"[25]为了对此作出补偿,爱丁顿于1930年6月7日在《自然》上发表了一篇通讯,请大家关注勒梅特的工作,并在1931年的《皇家天文学会月刊》上安排发表了一篇基于勒梅特1927年论文,但略有修改的翻译文章(加入了对弗里德曼工作的引用,但却奇怪地忽略了他对于哈勃常数的估算值)。但是在这篇英文版的文章发表之前,勒梅特就已经开始广为人知了,这得益于爱丁顿和德西特的支持,后者也是从爱丁顿那里了解勒梅特的。从那时起,勒梅特就被公认为宇宙学研究工作的主要人物。他还将成为天文学迈向下一阶段的领军人物,包括提出大爆炸的概念。

第七章

75:宇宙蛋奶酥有多大

到20世纪30年代初,宇宙膨胀的观念在哈勃和赫马森的工作之后已经被广泛接受了(并非因为哈勃自己的宣传,实际上他只关注观测和测量距离,并不关心理论框架)。即使是爱因斯坦,也于1931年4月在加州帕萨迪纳举行的一次会议上接受了这些证据。但是宇宙的膨胀从何而来?1927年的时候,勒梅特回避了关于宇宙起源的问题,而是假设这个观测到的膨胀是从一个如爱因斯坦宇宙那样的静止状态开始的,而这个状态在即将膨胀的边缘已经过了无限长的时间。这是宇宙学常数所允许的各种可能性中较为神秘的一种。但是当爱因斯坦开始支持膨胀理论时,他(勒梅特)又开始提出另一个观点了。

1931年1月,爱丁顿在一次英国数学协会的会议上作了一个报告,后来发表于《自然》杂志上,他设想将宇宙逆着时间倒回去,星系和星系之间的距离越来越近,最终就将并合在一起。这就意味着宇宙会有一个起点,连他自己都说这一推断"令人厌恶"。那一年晚些时候,勒梅特也在《自然》发文给予了回应[文章标题是"从量子理论的观点来看世界的起源"(The Beginning of the World from the Point of View of Quantum Theory)],他认为宇宙的开端"远离现在的自然规则,所以可能也没那么令人讨厌”。他的猜测是:“我们可以猜想宇宙起源于一个单一的原子,这个原子的质量等于现今宇宙的总质量,这是一个极不稳定的原子,通过某种超放射性过程而分裂为一个个更小的原子。”这也仅仅只是一个猜想,实际上勒梅特说的更应该是一个原初原子核,而不是原子。但是即使是使用一个原子核的密度,要把整个可观测宇宙的总质量收于其中,它的大小也必须达到太阳直径的30倍,甚至可以将整个地球公转轨道包含在内。“很自然地,”勒梅特说,“太多太多重要的东西无法归属于这个原初原子之中。”他也承认,“在我们关于原子核的知识更完善的时候,它的确需要再作修改。”但是,关键性的思想是,宇宙诞生于一个超密度状态的暴烈行为——如他所称的“一团火焰”。

勒梅特的思想进一步发展。他后来又创造出一个新名词“宇宙蛋”来描述宇宙在诞生时期所处的超致密状态,他的理论集中体现在他于1946年出版的《原初原子的假说》(*Hypothesis of the Primal Atom*)一书中。勒梅特的思想极大地影响了伽莫夫团队关于大爆炸理论的工作(参见第零章)。但是无论是在20世纪30年代还是40年代,甚至更晚一些,这个思想还存在巨大的问题——宇宙的时标太短了。使用勒梅特和哈勃发现的哈勃常数值,从宇宙蛋(或大爆炸)到现在的时间只有大约10亿年,远远小于太阳和恒星的估计年龄。勒梅特认为可以通过对宇宙学常数的新解释来解决这种尴尬情况。根据方程,宇宙有可能从一个超密度的状态开始膨胀,然后逐渐减慢其膨胀速度到接近于零,“悬停”一段时间后又会重新开始膨胀。* 即使在20世纪30年代,这样的解释也太不自然了。有趣的是,特别关注方程物理意义的勒梅特一直在他的方程中保留Λ项。他认为这是一个有真实意义的物理量,一个“空”的空间所携带的真空能。他再一次(最终)被证明是对

* 在这个例子中,如果你可以任意选择宇宙学常数,以便随意地让宇宙膨胀或收缩(或悬停),那么这个常数就变得毫无意义了,除非你想用它来将宇宙预测成你觉得它“应该”具有的样子。

的。尽管与恒星年龄发生了激烈的冲突，一个里程碑一样的宇宙膨胀理论还是于1932年建立起来了，并且支配了整个20世纪余下的时间。它的提出者之一正是爱因斯坦，然而他的同事不知道的是，他首先产生的竟然还是一个更为激进的思想。

爱因斯坦丢失的模型

1931年，爱因斯坦访问了威尔逊山天文台并见到了哈勃，此后不久就产生了稳恒态宇宙的想法，认为宇宙既是无限老又是永恒膨胀的，但是不断地有新的物质产生出来以填补空间扩张之后星系之间留下的空隙。他快速地用德文写下了一篇论文草稿（写在美国纸上），标题为《关于宇宙学问题》，但是又感觉可能在论述中存在一些缺陷，就把它放在一边了。尽管这篇文稿在爱因斯坦去世后还保存在他的档案资料中，而且可以给学者浏览，但它却被归错了档，被误以为是另一篇同名文章的草稿。几十年来都没有人去读过它——或者说读了也没有发现它的重要性。直到2013年，它的重要性终于被沃特福德理工学院的欧奈菲尔泰（Cormac O'Raifeartaigh）和麦卡恩（Brendan McCann）注意到了，他们于2014年发表了其英文版本。

1931年初，爱因斯坦刚开始接受膨胀宇宙的观念，但仍然不喜欢宇宙随时间而变化的思想，他还在寻找一种能够调和这个事实和他坚信宇宙在以前和现在应该一样之信念的途径。稳恒态思想满足了这个需要，平均而言从任何星系观察，宇宙都应该是一样的，即使单个星系随着时间的推移从视野中逝去，也将会有新的星系替补进来。你可以用一片非常古老的树林（或者热带雨林）来作类比。这片树林在那里已经好几千年了，但在这段时间，好多代树木成长、死亡、倒下并被年轻的树木所替代。这个想法本身是相当显而易见的，但是爱因斯坦，也正是爱因斯坦，还希望用广义相对论的数学来对它加以描述。

他这样做了，通过对宇宙学常数重新进行解释，他此时已不再需要去阻止空间膨胀了。或者如他自己所说,“对于从理论上理解实际的空间而言,这个解[现在]已经几乎不需要了。”他继续写道,其中还误拼了哈勃*的名字(他在那个时候一直都是这样拼写的):

哈勃特别重要的研究表明河外星云具有以下两个特性:

1) 在观测精度之内,它们在空间中是均匀分布的;

2) 它们的多普勒效应**与它们的距离成正比。

爱因斯坦认为宇宙的膨胀是由于新物质的产生所驱动的,新物质的产生也使得宇宙在膨胀过程中保持总体密度不变。他这样写道:

如果我们考虑一个物理上有界的空间,物质粒子将持续地离开它。为了保持密度不变,在这个空间里就必须一直有新的物质粒子从空间里产生出来。

这和霍伊尔提出的“创生场”或称C场(首字母简称)惊人地相似,但是爱因斯坦从未发表的这一工作从20世纪40年代以来就被完全地忽视了。与霍伊尔不同的是,他没有引进一个独立的C场,而是用宇宙学常数来说明这个创生的过程。在这一点上,如他自己后来认识到的那样,他的论断是不成立的。使用宇宙学常数得到的自然解应该是空的空间(零密度),所以根本就没有新物质被创造出来!爱因斯坦自己的手写改正表明他已经意识到了这一点,但是现代的读者却不理解他为什么没有像霍伊尔那样引入一个独立的创生场。最有可能的是,因为他坚信宇宙应该是简单的(注意他后来曾将其引进宇宙学常数称为他一生中“最大的失误”)。这一对于简单性的热爱也体现在不久之后他和荷

* 即将Hubble拼写成了Hubbel。——译者

** 令人惊叹的粗心;谁都知道这不是多普勒效应,但是爱因斯坦竟然犯了这个错误!

兰天文学家德西特一起建立并于1932年发表的另一个宇宙模型中。

简单一些为好

也是在1932年，英国物理学家，同时也是伟大的科普作家金斯(James Jeans)这样写道：

> 表面上看起来，整个宇宙似乎在均匀地膨胀，就像一个充气的气球表面，其速度是每过14亿年大小增大一倍。[……]如果爱因斯坦的相对论宇宙学是对的，那么这些星云就没有选择——是空间的特性迫使它们向四面散开。

这一说法清楚地表明了爱因斯坦—德西特联合模型与他们各自在哈勃之前(或勒梅特之前)产生的宇宙模型之间的区别。爱因斯坦—德西特模型的关键是从一开始就是与观测联系在一起的——不像早期的弗里德曼、德西特，甚至爱因斯坦自己的工作，都是源于对广义相对论的数学兴趣。爱因斯坦和德西特的论文草稿写于1932年1月，正式发表于当年3月，标题是《论宇宙膨胀和平均密度的关系》(On the Relation between the Expansion and the Mean Density of the Universe)。论文只有两页，感觉是只说了一些弗里德曼和勒梅特所没有提到的想法。也正因此，这篇文章经常被认为只是因为爱因斯坦的名头才得以发表，根本不会有人去关注它。但是他们错了。这篇文章的重要性在于它努力描述真实的宇宙，而不仅仅只是数学模型。它的标题是指向"首字母大写"的宇宙，而不是"首字母小写"的宇宙*。这是十分关键的一步。

---

* 首字母大写的宇宙才是指真实的宇宙，首字母小写的宇宙是一般数学意义上的宇宙。——译者

爱因斯坦和德西特知道宇宙在膨胀,其中有一个常数(哈勃常数)用于描述它膨胀的速度,虽然我们现在知道这个常数值实际上是太大了。他们也认识到,宇宙还有一个可以被测量的特征量,即它的密度,可以统计单位体积空间里的星系数量,然后再计算出把所有恒星的质量平均散布于整个空间时所对应的平均密度。这两个数字合在一起就可以决定整个宇宙的未来命运——可能是膨胀得足够快以至于可以永远膨胀(具有"负曲率"的"开宇宙"),也可能是密度足够高,引力会阻碍膨胀并导致宇宙重新缩回一个超高密度的状态(具有"正曲率"的"闭宇宙")。但是也可能存在一种特殊的情况,恰好也是方程最简单的解,正是这个解吸引了爱因斯坦和德西特的注意。

使用广义相对论的方程,有可能从数学上(并且非常简单地)描述一个正好处于开宇宙和闭宇宙分界线上的宇宙,即所谓的"平直宇宙"。在最简单的情况下,宇宙也是均匀的(即到处都一样),各向同性(各个方向都一样)。正如我们已经看到的那样,弗里德曼已经"发现"了平直宇宙模型,同时也提出了其他多种数学上的可能性,但是他并没有将其与真实的宇宙相联系。勒梅特也没有这样做,这正是爱因斯坦—德西特1932年的论文具有特殊意义的地方。他们指出,如果哈勃常数的数值得以确定,那么就可以计算出要使得宇宙保持平直所需要的密度并将其与真实的宇宙情况作比较。如果取哈勃常数为500千米每秒每百万秒差距,需要的临界密度就是4×10^{-28}克每立方厘米。由于现代测定的哈勃常数值比那个数值小了10倍,所以现代版本的临界密度只略大于10^{-29}克每立方厘米。如果所有的物质都以氢原子的形式存在,并且均匀分布,那么这个密度就对应于每百万立方厘米的体积中只有一个氢原子。

值得注意的是,这个事实曾经被作为支持稳恒态思想的重要证据,因为要填补宇宙膨胀造成的空隙,只需要在整个宇宙范围内创造几个氢原子而已。正如霍伊尔指出的那样,从根本上说,没有什么比所有物质在一次大爆炸中被一次性创造出来的观点更令人厌恶的了。今天,霍伊尔有时会被人认为是思维怪异，但是实际上（爱因斯坦也曾经和他有一样的想法）在那个时代（一直到微波背景辐射被发现），稳恒态宇宙始终是与大爆炸模型相并立的另一个值得尊敬的模型。

即使在20世纪30年代，人们也已经了解到，可见星系中所有亮星的物质总和都还不足以使得宇宙达到平直。但是他们也很清楚宇宙中几乎可以有足够的物质来完成这个工作——“几乎”的意思是你可以考虑到数学上的各种可能性。宇宙学家不再使用每百万立方厘米多少个氢原子这样的数据，而改用一个称为密度参数的量，用希腊字母Ω来表示，它的定义是对于平直宇宙，Ω=1。如果宇宙拥有的物质只有平直宇宙所需要物质量的一半，那么Ω=0.5，如果只有所需要量的30%，那么Ω=0.3，依此类推。粗略地说，宇宙中可见物质的总量只相当于Ω=0.1，换句话说，宇宙的可见物质总量只有平直宇宙所需要物质总量的十分之一（实际上可能还要小一些），但是宇宙学方程本身是允许Ω取各种数值的——十亿，或十亿分之一，亿亿亿，或亿亿亿分之一，或任何数值，都是允许的。即使在20世纪30年代，当宇宙学已经开始成为一门定量的科学时，很显然的是，真实宇宙的密度接近于平直宇宙所需要的数值是很可疑的。[26]爱因斯坦和德西特很自然地就假设宇宙是平直的，但是我们却看不出他们的依据何在。尽管1932年时对宇宙密度的估计值与他们的模型并不相符，他们还是这样写道：

> 这在量级上当然是对的，我们认为在不对三维空间的曲率作出假设的情况下，它还是代表了真实的宇宙。然而，曲率还是可以被测定的，未来观测数据精度的提高使我们一定有可能确定它的符号和数值。

要使得Ω=1，所需要的就是在亮星之外还存在足够多的看不见的物质——后来被称为“暗物质”。虽然那时天文学家们还没有认真考虑暗物质对平直宇宙所起的作用，但也仍有其他的办法来调和观测事实与平直宇宙的观念之间的矛盾，那就是改进哈勃常数的测量，希望能发现哈勃常数是被高估了。如果这个数值足够小,那么即使密度很小,宇宙也仍能保持平直(这样对大爆炸之后持续时间的估计也会提高,也许可以调和宇宙年龄之估计和恒星年龄之估计之间的矛盾)。所以爱因斯坦—德西特模型(平直、均匀、各向同性)就成了宇宙学的基石(部分原因在于它是最简单的模型),在一代又一代学生中传授下去(包括我自己),哪怕 Ω 和哈勃常数的问题一直都还存在。* 此后数十年,宇宙学家关注的焦点集中于哈勃常数的数值,因为那也是那个时代唯一能做的事。后来,随着测量宇宙中的暗物质成为可能,也就开始能够更精确地确定 Ω 值了。

距离加倍

爱因斯坦—德西特宇宙有一个吸引人的地方就是它提供了一个利用哈勃常数 H 来计算宇宙年龄的简单办法。如果宇宙自大爆炸以来一直以同样的速率在膨胀,并且采用常用的“千米每秒每百万秒差距”的单位,那么宇宙的年龄(即从大爆炸至今的时间)就是 1/H 秒,千米和秒差距都是距离单位,彼此可以消去,因此得到的就是以秒为单位的时间,然后再转化成年即可。** 这一结果得到的“年龄”被称为“哈勃时间”。但是由于引力的影响,宇宙从大爆炸以来的膨胀应该是逐渐减慢的,所以 H 的数值也将随着时间而减小。所谓“哈勃常数”,其实是指宇宙在某一特定时间(称为宇宙历元)在空间各处都保持相同,但是仍可能随时间的变化而发生变化。所以天文学家更多使用“哈勃参数”的说法,哈勃常数则是这个参数在当前这个时代所取的数值。因为宇宙在过去膨胀得更快,它要达到现在的状态所需要的时间就比哈勃时间来得短,但是究竟会短多少?这就是爱因斯坦—德西特宇宙的

* 德西特没能活着看到这一天,他于 1934 年在伦敦死于肺炎,时年 62 岁。

** 据此可以计算出当 H 取值为 100 时,t 约等于 90 亿年。——译者

简单性之所以有用的地方。

在爱因斯坦—德西特宇宙模型中,宇宙的年龄只有哈勃时间的三分之二。当 H 取值为 500 千米每秒每百万秒差距时,得到的宇宙年龄略大于 10 亿年,这显然同当时已经知道的地球年龄相矛盾(也同恒星的年龄相矛盾,但是程度还没有那么高)。

哈勃常数的较高数值不仅导致了宇宙年龄与恒星年龄的冲突,还存在其他方面的怪异之处,但在 20 世纪 30 年代的时候还没有什么人注意到。要确定哈勃常数,就必须精确测定星系的距离,再将其与红移的测量值作比较。但是一旦你得到了这个值,你就可以用它来测量距离——这也正是哈勃对红移测量特别感兴趣的首要原因。你可以将哈勃常数用作宇宙的距离标尺。星系的距离测量值越小,哈勃常数值就越大,因为从宇宙大爆炸开始到将这些星系带到当前距离处所用的时间就越少。反过来,哈勃常数越大,星系和星系之间的距离就越小。哈勃的测量(始于造父变星,然后应用于整个宇宙)很显然地表明,旋涡星云都是银河系之外的其他星系,而不是银河系之内的星云。但是根据他的测量值,它们还是离我们相当近的,这意味着,将此距离与它们在天空的视大小相比较,它们肯定要比银河系小得多。我们是否有可能居住在宇宙中最大的星系之中?

这种观念在 20 世纪 30 年代开始的时候并非难以置信,但是爱丁顿对它提出了质疑。在他 1933 年出版的《膨胀的宇宙》(*The Expanding Universe*)一书和最早向公众介绍这一新发现的一篇评论文章中,他写道:

在宇宙面前一贯谦卑的天文学家很自然地采纳了我们的星系没有任何特殊性的观点——我们所在的星系不会比其他数百万个岛星系具有更多的特殊性。但是天文观测看起来几乎要破坏这个准则了。根据当前的测量,旋涡星云尽管在各个方面都和我们的银河系系统十分类似,在尺度上却要小得多。也就是说,如果那些旋涡星云是些岛屿的话，我们所在的星系简直就是一个大陆。我认为谦卑是中产阶级引以为豪的品质，我丝毫不认为我们是宇宙中的贵族，那简直是一种诽谤。地球是一颗中等大小的行星，并非木星那样的巨行星，也不像某些小行星那么小。太阳也是一颗中等大小的恒星，不是一颗像五车二那样的巨星，但也不是最小的种类。所以要说我们的星系恰好属于一个极其特别的星系，看起来是很不对的。坦白地说我是不相信的，这也太巧了。我相信现在我们认为的银河系和其他星系的关系是有问题的。更进一步的观测研究一定会改变我们的想法。最终我们一定会发现，存在许多与我们差不多大小，甚至比我们更大的星系。

这就是后来广为人知的“地球平庸原理”，其核心观点就是：我们在宇宙之中没有任何特殊之处。爱丁顿太超前于他的时代了，整个20世纪30年代都没人注意到他的评论。但是只要你接受了银河系应该是一个中等大小的旋涡星系的概念，将这些星系的距离尺度调整（通过调整哈勃常数）到足够远，使得它们计算出来的空间大小与我们的银河系相当，那么你就必须将哈勃常数减小约10倍，这样同时也就将宇宙的年龄从十多亿年增加到了一百多亿年。然而，爱丁顿止步于此，没有再向前跨越了。* 在他写作的那个时代，另一种满足地球平庸原理的办法就是去寻找其他与银河系大小相仿的星系，但这超越了那个时代望远镜的能力范围。现代规模甚大的星系巡天，最终使得这个谜题得以解决，但那是后话了。哈勃—勒梅特对此常数的测量值实在是太大了。这个常数第一次，也是最显著的一次改变，的确是深入观测研究的结果。它出现于20世纪40年代，正是伽莫夫满怀热情地推广其大爆炸思想的时代。

这个突破部分源于第二次世界大战和德国天文学家巴德（Walter Baade）之茫然无措境遇的结合，那个时候的他除了天文之外无事可

* 爱丁顿的思考在多年之后得到了证实，参见注释21。

做。巴德1893年出生于施勒廷豪森，比哈勃年轻4岁。他于1919年获得了格丁根大学的博士学位，在汉堡大学的贝格多夫天文台工作了十多年，后来为了能够使用比欧洲所有天文台都更大的望远镜，他来到了美国。他在哈勃和赫马森发表他们关于红移—距离关系的研究成果之后不久也成了威尔逊山天文台的一员。他与哈勃等人一起研究超新星和其他星系的距离，获得了一个优秀观测者的名声。然而，他的个人生活可不像他的观测那么有条理。他从1939年就开始申请成为美国公民，却在搬家的时候丢失了相关的证件，申请手续因而中止。当日本人于1941年12月袭击珍珠港，德日联盟开始对美国宣战的时候，他还没有完成申请。这就使得巴德在严格意义上成了"敌侨"，他因此遭受宵禁，要求他每天晚上8点至次日早上6点必须待在家里，他的观测被迫终止。*

此后几个月里，很多天文学家（包括哈勃）都应征去为战争服务了，以至于巴德成了还留在威尔逊山的最高级别天文学家。最终他被确认为对美国没有威胁，但同样地也被认为不是为战争服务的合适人选，所以他获准继续使用2.54米望远镜进行观测。此时正好出现了一种更为灵敏的新照相底片，而且洛杉矶市也施行了夜间灯火管制，他因此可以在最黑暗的天空条件下，使用世界上最好的望远镜和最好的照相底片来进行观测。这并不意味着研究其他星系中的暗星就很容易了，只是困难略小一些而已，但是到1943年的时候，巴德的观测技巧已经相当高超，他能够拍摄到比哈勃以往拍摄到的天体更暗的天体，并开始对仙女座星系进行更细致的巡查。

巴德不仅在仙女座星系的外部区域（也就是哈勃发现造父变星的区域），而且还在其内部区域找到了许多单星，这些星之前都被误判为是照相底片上的污点。他的第一个重要发现是仙女座星系中存在两

---

* 他（与其他许多德裔美国人一样）比许多日裔美国人幸运，日裔美国人中的很多人都遭受了恶劣的待遇，被关押在俘虏收容所里。

种不同性质的恒星——由此推断所有具有类似结构的旋涡星系，包括我们的银河系在内也都如此。第一种类型的恒星发现于星系外围，也就是盘区或旋臂区域，被巴德称为星族Ⅰ，它们都是炽热而年轻的恒星，呈蓝色或黄色，包含较多的重元素。而在中心区域，也就是星系隆起的核心区发现的一类恒星被称为星族Ⅱ，它们都是较老、较冷，呈红色的恒星，其中所含金属元素很少。这种恒星同样也能在球状星团中找到。更为深入的研究表明，正如在本书第一部分看到的那样，星族Ⅱ是在大爆炸之后留下的原初物质中形成的，而星族Ⅰ则较为年轻，是从几代恒星生死循环过程中产生的物质中形成的。这一模式可以应用于所有的旋涡星系，我们的太阳，重元素含量相对较高，当然应该属于星族Ⅰ。

巴德在1944年又作出了另一个重要发现，就是发现存在两种类型的造父变星，各自与不同的星族相关。其中与星族Ⅰ相关的造父变星又称为"经典造父变星"，而与星族Ⅱ相关的造父变星则常被称为"室女座W型变星"，以这类变星的原型星来命名。每一种造父变星都有各自特征的周期—光度关系，但是总体而言室女座W型变星的亮度小于造父变星。1944年的这个发现并没有改变天文学家对宇宙学距离尺度的理解，因为哈勃在他的工作中使用的仍是经典造父变星，就像银河系中的一样，看起来似乎并没有什么混淆。但是一旦一种新的技术产生，天文学家对宇宙的理解很快就发生变化了。

这一次，这项新的技术是一台更大更好的望远镜，帕洛玛山的5米(200英寸)望远镜*于1948年落成启用，并在此后45年的时间里都是世界上功能最强大的望远镜，迄今仍在运行并继续做出有价值的工作。巴德将他所学到的各种技能，包括最佳的摄影技术都移植到5米望远镜之上，自信地开始研究仙女座星系中的天琴座RR型变星。天琴座

* 威尔逊山和帕洛玛山的望远镜都属于同一个机构，即威尔逊山及帕洛玛山天文台，也都属于加州理工学院。

RR 型变星比造父变星暗，但也是非常好的示距天体。它们通常被发现于球状星团中，巴德相信他也能在仙女座星系中找到它们，但却未能如愿。他辨识出了球状星团中的最亮星，但却未能辨识出较暗的天琴座 RR 型星。幸运的是，根据人们对银河系中球状星团的研究，已经知道这些星团中最亮的星族Ⅱ星，也就是红巨星比天琴座 RR 型星亮多少。如果巴德在仙女座星系的球状星团中观测到的红巨星与银河系中球状星团里的红巨星具有同样的性质，那么天琴座 RR 型星就的确是太暗了，难以被他所用的手段观测到。但是，要使它们呈现为如此暗的特征，那么这些红巨星的距离就应该比哈勃测定的仙女座星系要远很多。原因看起来已经比较清楚了——那就是沙普利 30 年前最初测定的造父变星距离尺度出错了。

沙普利已经使用他所能用到的所有数据得到了这个距离关系。不幸的是，他的工作混淆了 20 世纪 40 年代后期才知道的两类造父变星，星族Ⅰ和星族Ⅱ造父变星。星族Ⅰ造父变星比较亮，你自然会认为它们应该会很容易就使错误暴露出来。但是实际上，由于它们都处于银河系的盘面上，那里存在大量的尘埃（比沙普利时代的人所认识的要多得多），使得穿透它们的星光减弱。星族Ⅱ造父变星位于银河系盘面的上方或下方，受尘埃的影响较小。不幸的巧合，星光的减弱抵消了星族Ⅰ变星较亮的优势。所以观测的是仙女座星系中的星族Ⅰ（经典）造父变星，但是实际上应用的却是星族Ⅱ造父变星（室女座 W 型）的距离关系。他的计算所用的造父变星都比他所以为的要亮，为了呈现为当前较暗的情况，那就只能是处于更远的距离上。这样算下来，仙女座星系的实际距离比原来的计算远了差不多一倍，整个宇宙的尺度也就需要进行相应的调整了，哈勃常数的数值因此而降到了 250 千米每秒每百万秒差距。这一结果发布于 1952 年，甚至上了新闻头条，宇宙的尺度大了一倍。但是更为重要的是，宇宙的年龄也增大了一倍，已经接近 40 亿年了，有希望解决与当时已知的地球年龄的矛盾了。即使在 1952 年，恒星的年龄还不是十分清楚，当时比较合理的估计是 50 亿年,所以看起来矛盾还不是很大。但是随着20世纪50年代的进展,虽然对宇宙年龄的估计也在增大,可对于恒星年龄的估计却增长得更快,这就使得稳恒态宇宙的观念比大爆炸宇宙更为活跃。

哈勃的继承人

人们对宇宙年龄的估计从20世纪50年代到60年代不断增长,主要是因为哈勃常数的测定不断得到改进。对改进这一常数的测定工作贡献最大的是另一个美国人,桑德奇(Allan Sandage),他接过了哈勃的科学衣钵,将5米望远镜推向了它的应用极限。

桑德奇是我们这个故事中第一个尚未成年就已知道宇宙在膨胀的人,他于1926年出生于艾奥瓦,就在勒梅特发表其红移—距离关系的前一年。桑德奇出生三年后,这个关系式变成了哈勃定律。他在9岁的时候通过同学的望远镜观察了夜空,从此"发现"了天文学,少年时期更阅读了哈勃的《星云世界》(*The Realm of the Nebulae*)和爱丁顿的《膨胀的宇宙》。虽然他在1944年的时候应征进入美国海军,正常教育因此而中断,但是在1945年离开部队后,他进入伊利诺伊大学求学,1948年毕业。此后他又在加州理工学院获得了博士学位。他对宇宙学的兴趣是被霍伊尔点燃的。霍伊尔在加州理工学院做访问学者的时候在那里上了一门课,恰好那时桑德奇正在那里求学。桑德奇于1953年获得了博士学位(导师就是巴德),也正是在这一年巴德"使宇宙扩大了一倍"。此后他开始工作于威尔逊山及帕洛玛山天文台,服务于一项由哈勃设计的研究项目,哈勃是他儿时的英雄之一。他的整个职业生涯都在那里度过。

桑德奇的工作计划是测量宇宙的平直程度——真实宇宙和爱因斯坦—德西特宇宙的接近程度。这可以类比于测量一个两维平面,例如一张纸的平直程度。正如我们在学校里学到的那样,在一个平直的平面上,三角形的内角和为180度,如果我们知道三角形的边长,就可以算出它的面积。但是在一个球的表面上(闭合的),三角形的内角和就会大于180度,相应的面积也会增大。而在一种类似马鞍或山谷那样的表面上(开放的),三角形的内角和则会小于180度,相应的面积也会减小。

将这个类比应用到三维的情况,就是测量体积而不是面积。如果空间是弯曲的(无论怎么弯),那么在不同距离上计数得到的星系数量就会不同于空间平直的情况。桑德奇的任务就是使用一台名为施密特照相机的广角望远镜,用照相方法来做星系计数工作。施密特照相机可以在一张底片上拍摄到非常广阔的星空区域,而5米望远镜只能获得其中很小一块天区的影像。施密特照相机的底片资料中不含红移信息,但是作为第一步近似,哈勃(正确地)认为可以合理地推断,越暗的星系距离越远。计数和校对是一种可以交给研究生去做的工作——乏味、辛苦,做这种工作的人可能只会在科学论文的末尾得到致谢,因为那只是一种"数数"的活。

开始的时候,桑德奇甚至都不愿意上山去做观测工作。然而在1949年夏天,哈勃得了心脏病,医生坚持他在治疗期间不能再上山。桑德奇和另一个学生阿尔普(Halton Arp)被派去向巴德学习观测,因为很明显,如果哈勃能够重返工作,他需要帮手。* 这个费尽心力的计划包含对球状星团的照相和分析,最初使用的是1.5米(60英寸)望远镜,在证明了他们可以成为称职的观测者之后,又开始使用2.5米望远镜。这个工作使桑德奇获得了博士学位,也证明了他已成为一流的观测者。1952年,他第一次研究了"拐点"方法,正如在本书第四章所述,这一方法是测定球状星团年龄的关键。

然而,桑德奇在那个时候已经成为哈勃的助手。哈勃决心在巴德发现的基础上集中精力研究距离尺度的问题,希望能够以更高的

---

* 顺便说一下(你可能也想知道),"计数"表明宇宙的确是平的,或者按专业人士更准确的说法即:没有证据表明存在曲率。

精度来确定哈勃常数值,从而更好地确定宇宙的年龄,虽然哈勃实际上并不关心后面这一个问题。桑德奇现在可以使用5米望远镜来作观测,虽然哈勃很希望他亲自来做,但客观条件并不允许,即便他在1950年10月之后已被允许可以偶尔上山看看。1952年成为助理天文学家是一个正式带薪的任命,但是桑德奇却去普林斯顿大学做了一年的访问学者,结果发现了主序的拐点。他很希望能继续深化这一研究恒星演化的工作。然而,当他返回加州理工学院不久,1953年9月,哈勃因脑卒中而去世了,其时他还未到64岁生日。赫马森和巴德此时也都已60多岁,是该由下一代接过这个接力棒的时候了,桑德奇成了新一代的领军观测者。虽然还有些不大情愿,但出于责任心,他接过了这个任务:

> 我感受到有一种强烈的责任感促使我去继续这个距离尺度测量的工作。[哈勃]开创了这项工作,而我是一名观测者,我知道他所铺就的这条路上的每一步。很明显,要彻底将巴德的发现应用于纠正距离测度的错误,可能还需要15至20年,我也知道这一点。所以,我对自己说:"这就是我必须去完成的工作。"如果不是我,就不太可能在那个时期完成这项工作。没有别的望远镜可以胜任这项工作。这架望远镜也只有12个人使用,而他们之中没有一个人曾参与这个计划。所以作为一种责任,我必须完成它。[27]

那个时候他才27岁。

桑德奇投入的工作是哈勃测定的宇宙学距离尺度的全新改版,开始于对更多造父变星更细致的观测。和哈勃在2.54米望远镜上的原始工作一样,按照哈勃后来继续使用5米望远镜的计划,桑德奇在使用造父变星法测定了近邻星系的距离后,已经可以辨识出这些星系中较亮的星体,并将它们的亮度与造父变星作比较,然后将它们用作"标准烛光"来推算更遥远星系的距离。在这个研究阶段,他发现哈勃犯了一个可以理解的错误,哈勃使用了其他星系中他以为是非常亮的恒星来做标准烛光。5 米望远镜的强大分辨能力表明它们并非亮星,而是一种名为 HⅡ区(电离氢区)的发光气体云。银河系中也有 HⅡ区,所以它们的亮度也是可以定出标准的。它们也有一个最大的亮度,所以辨认星系中的最亮 HⅡ区并测量它们的视亮度,可以作为测定距离的一个好指标。但是 HⅡ区的亮度大于哈勃用作比较的那些亮星,这就意味着这些星系的实际距离比以前的推测还要更远。类似于巴德对这一距离标尺的改正,这也就意味着哈勃常数的数值又一次被减小了。

桑德奇作出的第一个贡献是应用了赫马森及其同事梅奥尔(Nick Mayall)在之前 20 年积累的 850 个星系的红移和亮度数据而取得的。三人发表于 1956 年的一篇联名论文证实,勒梅特—哈勃定律(红移与距离成正比的定律)向远处扩展到了他们所能测量的极限,其红移对应的"速度"达到了 100 000 千米每秒,这已经达到了光速的三分之一。总的来说,结合巴德的改正及 HⅡ区的新证据,星系的距离已经比哈勃的推测远了两倍,哈勃常数已经小于 180 了。但是这还仅仅只是第一步,这将成为桑德奇在 20 世纪 50 年代及其后更多工作的基调,他使用 5 米望远镜所取得的每一次进步都会减小哈勃常数值。随着时间的推移,这个数值已经变得越来越小了。

球状星团仍然可以被用作标准烛光,因为随着足够多近邻星系的距离被确定,越来越清楚各种星系中最亮的球状星团的确都具有相同的亮度。随着桑德奇不断艰苦地扩充他的数据库,他发现即使是整个星系也可以被用作示距天体,因为在大型星系团中总是会有一个特别亮的星系,而不同星系团中这个最亮的星系大致都具有相同的内禀亮度。

这些工作中有一个关键步骤是测量一个位于室女座方向的大型星系团,也就是室女座星系团的距离。我们的银河系,与它的伴星系即大小麦哲伦云以及仙女座星系等一起,也都是一个相对较小,但也因引力作用而束缚在一起的星系群(本星系群)的成员,就好像银河系中的所有恒星都因引力作用而束缚在一个单一系统中一样。虽然本星系群中的成员星系的距离测定对于诸如将其他天体的亮度与造父变星作对比之类的定标工作十分有用,但是对于红移—距离关系却毫无用处,仙女座星系甚至是朝向我们运动的,表现出来的是蓝移!在这样一个较小的尺度上,引力作用超过了空间拉伸的作用。空间膨胀的总效应只有在星系团和星系团(或星系团与我们所在的本星系群)之间才能看到,在金斯的膨胀气球的比喻中,就是等价的斑点(宇宙学家称之为"检测粒子")被气球表面的拉伸所带引着彼此远离。室女座星系团含有超过2500个星系,充满了类似球状星团那样可以用作距离指标的天体。一旦确定了星系团的距离,桑德奇就可以向着宇宙深处迈出更大的一步。使用5米望远镜,造父变星的应用使得桑德奇测定的距离超过了500万光年,而HⅡ区的应用使得这个距离达到了千万光年,室女座星系团则远在6500万光年之外。应用星系作为标准烛光,桑德奇又将其距离估计延伸到了3亿光年之外。这已经足够遥远,使得他确信可以有足够多的样本来推出红移—距离关系。

到了1958年,他所推出的哈勃常数已经只有75*了,但是考虑到每一步中所包含的误差,它的实际数值应该略小于50或略大于100。然而,这一推论要得到广泛接受还要经过相当长的一段时间。

问题在于对哈勃常数未能达成共识。其他天文学家应用其他方法,考虑了诸如星际消光之类的问题,得出了他们自己的数值,大都高于桑德奇的数值。桑德奇则是唯一一个使用了所有各种改正的人。但是在20世纪60年代开始的时候,至少还有三个其他值得注意的估计数,其中一个的数值范围是143至227,另一个是从120到130,第三个则是130。虽然大家都承认桑德奇是这项工作的专家,5米望远镜也是

* 此为本章标题数字的来历。——译者。

从事这项工作最好的望远镜，事实却是仍有许多别的意见使得天文学界更倾向于采用哈勃常数取值区间的较大值。当我于20世纪60年代中期正式开始学习天文学的时候，* 宇宙学家普遍使用的数值是100千米每秒每百万秒差距，基本观点是认为这个数值可能偏高了一点，但还是可用的近似值。

与此相关的有两个难题。第一个难题是所有人都知道的，却常被忽略：$H=100$ 意味着宇宙的年龄小于90亿年，而那个时代估计的球状星团年龄约为150亿年，虽然存在较大的不确定性，但不太可能小于100亿年。另一个问题可能没有多少人知道或关心。当我还是一个学生的时候，读过爱丁顿关于银河系大小的评论，深受其影响。如果 $H=100$，银河系的大小就大约是其他旋涡星系的两倍。虽然这个问题不是很严重，但还是让年轻的我颇为担忧。如果 H 大于70，那么无论是银河系还是仙女座星系，都要比室女座星系团中的任何星系都大，这让我很困惑。但当时我还没有资格与导师争论这个问题，正如我前面提到过的，他经常会拍拍我的头，让我不要考虑那么多，把它留给成年人吧。在20世纪60年代早期的时候，没有人（也许除了伽莫夫和勒梅特，他们那时都还健在）真的相信曾经有过大爆炸。宇宙学还是一个只供少数人用方程玩的学术游戏，如果它与真实观测到的世界不太符合也没啥关系。

从20世纪50年代到20世纪60年代，真实宇宙的年龄问题使得稳恒态宇宙比大爆炸模型更易于被人接受，直到彭齐亚斯和威尔逊用帽子戏法变出了宇宙微波背景辐射。其结果是宇宙学从此不再只是一个游戏，同时大爆炸模型成了最佳选择，而宇宙的年龄问题随之也就变得严肃起来。但是在哈勃常数和宇宙年龄的现代测量到来之前，人们关于究竟什么是稳恒态模型还是有些迷糊，为了清除这一混淆，我们稍微偏离一下正题还是有必要的。

---

* 我对天文学更早的兴趣可以回溯到我在20世纪50年代中期读到伽莫夫的著作。

又一次大辩论

1947年,英国皇家天文学会邀请出生于奥地利、当时在剑桥大学工作的年轻研究员邦迪写一篇关于当时的宇宙学的评述文章。这是一篇很有影响力的文章,它激发了宇宙学研究在英国的发展。* 邦迪的文章涵盖了这里讨论的所有观点(甚至更多!),尤其关注广义相对论在宇宙学中的威力。他还强调了时间的关键作用。“有些宇宙学模型假设了一个灾难性的起源,”他说,“同时,也有些理论学家较为保守,没有采纳宇宙的爆发性起源的观点。”请注意在20世纪40年代,**保守的**观点还是认为宇宙不存在一个爆炸性的起源。在准备这篇文章的时候,邦迪与霍伊尔及同时代的另一个出生于奥地利,后来移居美国的天文学家及物理学家戈尔德作了讨论,令邦迪和霍伊尔十分担忧的是,除了勒梅特的火球之外,20世纪20年代及20世纪30年代发展起来的爱因斯坦方程的数学解没能对物质的存在作出更多的解释,而这个火球理论在哲学意义上又很难令人满意。正是戈尔德提出了一个有趣的想法,引导他们走向稳恒态模型。

一天晚上,这三个朋友前往剧院观看一部电影《夜深人静》(*Dead of Night*),这是一部围绕反复出现的噩梦而编制的恐怖剧,它无始又无终,你开始时坐在那里看向某处,过了一段时间后你又回到了同一个地方,在整个观影过程中你一直都在重复同样的体验。几天之后,戈尔德提议说宇宙的行为可能与此相仿。你可以在任何时候“加入”这个场景,然后它看起来就一直都是同样的情况。它既没有起点也没有终点。这就提供了不同于勒梅特宇宙火球的另一个版本:平均而言,一个膨胀的宇宙看起来总是一样的,随着宇宙向外膨胀并使空间不断拉大,也不

* 大约20年后,当我雄心勃勃想成为一名宇宙学家的时候,邦迪建议我在投身这种以猜想为特点的领域之前,最好先做一些有意义的工作,所以我的博士工作选择了恒星。但我从来都不认为这是一个好的建议。

断地会有新的物质出现来填补多出来的空间——创生过程是持续地进行而不是一次性地产生。* 虽然开始的时候,他们也很排斥**连续创生的观点,但很快就说服了自己,坚信这不会比另一个宇宙创生的版本更糟糕,无论如何,物质总得从别处得来。

起初,他们三人计划联合写一篇关于这一思想的科学论文,但很快就发现他们持有不同的观点。更确切地说,邦迪和戈尔德更关注于模型的哲学含义。霍伊尔则激动于如何将其纳入广义相对论框架中去,为了实现这个目的,他引进了一个C场(C是"创造"一词的英文首字母)——本章开始的时候曾经讨论过——并将其与宇宙膨胀相关联。在他的回忆录《家是风吹过的地方》(*Home is Where the Wind Blows*)一书中,霍伊尔漂亮地解释说,为了补偿新产生粒子携带的正能量,C场给宇宙带来了负能量,正是这个负能量引起了宇宙的膨胀。按照霍伊尔的说法,这是从方程中自然推导出来的,令他"相当惊奇"。稳恒态宇宙的膨胀原因正是持续的物质创生。总的来说,能量仍是守恒的,既没增加也没减少。1948年,他主张因膨胀多出的空间中诞生的新粒子应该是中子,因为中子可以自动地衰变成质子和电子,这正是氢原子的组成成分——诞生的速率是每100亿年每立方米体积里产生1个氢原子。这是促使他深入研究恒星内部其他元素的核合成过程的原因之一。所以,1948年的时候发表了两篇论文,一篇是邦迪和戈尔德的,另一篇就是霍伊尔的。

邦迪和戈尔德对其理论的喜爱可以充分表现在他们为这一理论创造的名词上——"完全宇宙学原理"。宇宙学原理是说无论你处于哪里,宇宙看起来都是一样的,物理定律也是处处相同的。"完全"宇宙

---

* 戈尔德是个"点子大王",而且擅长引人关注。20世纪60年代当中子星被发现的时候,剑桥大学天文研究所(那时我正在那儿,不过从事的不是宇宙学的工作)就有很多关于其可能解释的讨论,其中就包括自转中子星的猜想。在我的印象中,这个主意是从一次小组讨论中冒出来的,但戈尔德迅速将其写成文章投给了《自然》,从而获得了关于这一猜想的荣誉。

** 这是霍伊尔自己的说法。

学原理则是说无论何时、何地，你看到的宇宙都是一样的。霍伊尔不喜欢这个名词，他在应用邦迪和戈尔德之工作时，宁可称它为“广义”宇宙学原理。历史学家米顿（Simon Mitton）曾经清晰地总结了这两个流派的差别：邦迪和戈尔德是从哲学原理出发，试图寻找一个与其相匹配的模型；而霍伊尔则是从方程出发，发展了一个（或多个）以方程为基础的模型。

这一切都为20世纪50年代围绕大爆炸和稳恒态宇宙模型之间产生的大辩论奠定了基础，两种思想在这一个时代势均力敌（如果硬要分出高下的话，稳恒态思想还略占上风）。令人欣慰的是，还是有办法来检测究竟哪一种理论能够更好地描述真实的宇宙。如果稳恒态理论是对的，那么某一空间体积内的星系数目（数密度）就应该在任何时间都是相同的，而如果大爆炸理论是对的，那么过去的数密度就应该更大。由于光的传播速度是有限的，所以当我们望向宇宙深处的时候，我们实际上就是在观看宇宙的过去。问题就变成：是否距离我们越远的地方，星系的数密度越大？因为我们看到的那些（遥远的）星系还正处于遥远的过去。

就在那个时候，随着第二次世界大战中雷达的发展，射电天文学也发展起来了。人们发现有些星系在射电波段发出比可见光波段更多的能量。这就意味着它们可以在比可见光波段可见星系更远的地方被观测到。虽然还没有办法来测定这些可见光波段看不见的星系的距离，但是根据经验还是可以猜测，较暗的射电星系要比较亮的射电星系距离更远，就像哈勃曾经推断可见光波段较暗的星系比较亮的星系更远一样。

剑桥大学的一组射电天文学家在赖尔（Martin Ryle）的领导下开始了对暗弱射电星系的计数工作。霍伊尔和赖尔不是朋友（离这个关系很远），而且赖尔确信理论学家根本不知道他们的工作，直到他们发表结果。他在牛津大学的一次演讲中对公众说道：“现在看来，观测结果是没有办法用稳恒态理论来解释的。”但是此时结论还不成熟。同一年，澳大利亚的射电天文学家报告说，他们的计数结果确实是与稳恒态模型相符合的。剑桥大学的研究结果是错误的*，赖尔急于贬低霍伊尔的心态导致他过于自信了。为了解决这个争端，就需要一个更大的巡天计划，使用更好的具有更高分辨率的望远镜以深入更为遥远，也就是更为古老的宇宙深处。随着争论的升级，这样一些巡天的结果在20世纪60年代早期开始陆续出现，逐渐地（但并非决定性地）将天平转向了不利于稳恒态理论的方向。但是随着宇宙微波背景辐射的发现，所有这些努力都变得毫无意义了（至少对于大爆炸理论与稳恒态理论之争而言），这就是我们在第零章时遭遇的场景，它将我们的故事带到了现代。

---

* 他们的射电望远镜无法分辨天空中成对的射电源，所以很多被记为单个星系的源实际上是两个星系。

第八章

138:巡天和卫星

宇宙微波背景辐射的发现激发了人们对大爆炸模型的热情,但是在20世纪60年代中期的时候,人们对哈勃常数仍然心存怀疑,特别是在宇宙的估计年龄与最老恒星的估计年龄之间存在着明显矛盾的情况下。观测技术的进步慢慢地使情况有所缓和,但是直到30年后才真正取得了类似哈勃和赫马森那样意义深远的重大突破。这项新的技术就是哈勃空间望远镜(HST),它为人们提供了前所未见的宇宙新景象,并真正完成了由哈勃本人开创的造父变星距离尺度的定标工作。这项任务最重要的工作突出地表现于哈勃望远镜团队的"关键计划"(Key Project)——它的目标是使用与哈勃同样的传统技术,但要使得哈勃常数的测定误差低于10%,此外,HST当然还拍摄了公众早已耳濡目染的大量宇宙美图,但它们的重要性已经只是第二位了。

登峰造极的传统方法

关键计划的目标是使用20个星系的造父变星来测量距离(每一个目标星系都需要十余颗造父变星)并进行距离尺度定标,以求出 H

的数值。这个过程的进展十分缓慢。每一颗造父变星都要同时进行两个波段的研究,以便有可能确定星际尘埃消光的影响。每一次观测都需要持续绕地球运行两圈的时间(大于三个小时)。然后,这些观测需要重复数周甚至数月以获得一颗造父变星的光变周期。哈勃空间望远镜在 1990 年 4 月发射升空后不久即发现其光学系统存在一些缺陷,整个计划因此而拖延了下来。这个问题直到 1993 年 12 月依靠一次载人航天的任务才得以修复。关键计划的工作因此直到 1994 年才真正开始。但是它的早期结果刚开始出现并在天文圈里分享(还没有对 H 进行精确测定),就充分激发了天文学家之间关于宇宙距离尺度的热烈讨论,并且引导我自己对这个故事也作出了一点小贡献。

关键计划的早期结果给出的 H 值都较高,按常用单位表示为 80,误差 20%,也就意味着实际值在 64 到 96 的范围内都是可能的。回想一下爱丁顿关于银河系平庸性的评论,在一个许多人都倾向于较大数值的讨论的学术研讨会后,我很自信地向萨塞克斯大学的同事们表示,如果银河系只是一个平均大小的普通星系,那么正确的数值一定会处于那个可能范围的低端。H 的数值越大,其他星系就必定离我们越近,如果真是那样的话,我们就得解释为何它们在天空中的视大小那么小,而我们的星系看起来就像是群岛中的大洲。

令我惊讶的是,我的两位同事,古德温(Simon Goodwin)和亨德里(Martin Hendry)竟然真的根据我的评论开始了一项研究工作。他们说,我们可以使用哈勃空间望远镜的数据和其他观测结果来检测银河系究竟是否属于一个平均尺度的旋涡星系,如果确实如此,那就应当用这个事实来解算 H 值。我曾在《时间的诞生》一书中作了详细的解释,但要理解其概况还是比较简单的。首先检查 17 个已测定了精确距离(部分来自地面观测,部分来自哈勃空间望远镜)的邻近旋涡星系,根据它们在天空中的视大小来确定它们的实际大小,我们发现银河系略小于平均值(银河系的直径为 26.8 千秒差距,而平均值是 28.3 千秒差距)。然后,我们可以从 RC3 星表(即亮星系表第三版)中取得 3827 个旋涡星系的红移数据。应用一些模型方法,我们可以调整不同的 H 值来拟合这些或靠近或远离的星系,直到我们找到一个恰当的数值,使得这数千个星系的平均大小与我们周边 17 个星系(加上银河系)样品的平均值相等。他们得到的 H 值是 60,结果发表于 1997 年。说实话,这是一个相当粗略的方法,它的最大意义在于从统计上表明,H 大于 75 的可能性只有二十分之一。我们真正的发现是早期关键计划发布结果的低数值一端更有可能是正确的。

随着关键计划的继续推进,出现了使用更多星系得到的更为精确的测量。哈勃空间望远镜关键计划的最后结果发表于 2001 年,主要基于造父变星的测量和据此定标再扩展到 4 亿秒差距之外的其他天体,包括超新星。他们的最终结果是:如果只使用造父变星,H 的数值是 71 ±8,而如果包含其他的测量结果,例如超新星数据,H 的数值将是 72 ±8。这是由 70 年前哈勃开始这个研究计划以来达到的最高潮,它基本上已经使得通过测量星系距离并将其与红移相比较来测定 H 值(从而确定宇宙的年龄)的传统方法达到了登峰造极的地步,21 世纪早期虽有少量改进,但已经都不是太重要了。*

然而,你可能也注意到了有一些因素会使此数值发生变化。在爱因斯坦—德西特宇宙中,H 取值 72 意味着宇宙的年龄大约是 90 亿岁——远小于此时已能测到的最老恒星的年龄。好在到 2001 年的时候,已经很清楚我们并非生活在爱因斯坦—德西特宇宙之中。证据来自其他各种来源的观测,特别是探测宇宙微波背景辐射的卫星观测结果。

太完美了?

第一颗用于研究背景辐射的卫星是苏联的"雷利克特 1 号"(RELIKT-1),1983 年发射升空。它使得这一研究项目成为可能,但是其

---

* 到 2009 年,这些改进又将 H 值降到了 74.2 ±3.6,也就是说处于 70.6 到 77.8 之间。

灵敏度不够高,难以分辨出天空不同区域中辐射强度的变化。这很重要,因为如果辐射的确是来自大爆炸,那么它就应该带有早期宇宙物质涨落的痕迹,正是这些涨落后来成长演变成了今天的星系。20世纪80年代早期,宇宙学家认为背景辐射看起来太光滑了,以至于没法产生不规则性,而且宇宙的平直性——永远膨胀与再度收缩之间的临界平衡——也似乎好到了难以置信。使宇宙平直所需的临界密度随着时间而改变(在不同的宇宙时代有所不同)。爱因斯坦的宇宙学方程告诉我们,如果大爆炸时宇宙诞生的密度略大于平直宇宙所需要的临界密度,那么它与平直状态的差异就会随着时间而变大,因为额外物质的引力会减慢膨胀速度并保持其较高的密度。与此相反,如果宇宙起始的密度略小于临界密度,那么这个差异就会朝着另一个方向扩大,因为宇宙的膨胀就会更加容易,随着时间的变化,密度就会变得越来越小。绝对平直的宇宙是所有可能性中最小的一种。*

尽管人们以前就已知道这个问题,但是没有人把它当回事。直到普林斯顿的两个研究者迪克和皮布尔斯于20世纪60年代中期卷入了背景辐射的证认并在20世纪70年代末期真正注意到了这个问题。为了解释今天看到的宇宙的平直性,就需要大爆炸开始时的宇宙密度与当时的临界密度之差小于$1/10^{15}$(一千万亿分之一)。这就说明宇宙诞生时一定经历了什么特别的事件,1979年的时候,还没有人知道这究竟是什么——直到这一年的12月6日。古思(Alan Guth),康奈尔大学的一位年轻研究人员,在1979年春听到迪克在康奈尔大学的一次讲座中谈到了宇宙平直性问题。这个难题深深地刻在了他的脑中,一有机会他就阅读宇宙学的著作。10月的时候,他前往斯坦福大学的线性加速器中心开始为期一年的工作。他将他在这里得到的粒子物理学知识与他对宇宙学

* 桑德奇在其职业生涯的后期开始关注"视界问题",这个问题在20世纪80年代末期被认为是"该领域(宇宙学)最重要的问题"。视界问题是说宇宙在天空中的相反方向看起来相同,但在大爆炸之后,似乎没有足够的时间使光能够在宇宙中来回穿越,那么对面那个视界是怎么与另外一面保持同步的呢?

的了解结合在了一起。12 月 6 日,在与来自哈佛大学的访问学者科尔曼(Sidney Coleman)讨论之后,他突然悟到了什么。古思通宵工作到了 12 月 7 日凌晨,在他的笔记本上写下了他的伟大思想,标题为“惊人的认识”(SPECTACULAR REALIZATION),他知道他即将作出重要的发现。

古思认识到有一种称为对称性破缺的物理过程——涉及一个相变的过程,类似于蒸汽在释放出潜藏的热之后会凝缩成水——这一过程会在宇宙诞生的第一瞬间释放能量,将宇宙从一个他称之为“暴胀”的极快速膨胀相推进到大爆炸相。(人们常常错误地以为大爆炸过程包含了暴胀,但实际上是先有暴胀,接着才是大爆炸。)在暴胀阶段,宇宙的尺度成指数增长,每经过 10^{-38} 秒(一百万亿亿亿亿分之一秒)就增大一倍。在这个图景中,我们今天在可观测的宇宙中所看到的一切事物都是来自大小小于质子的十亿分之一的种子,它在 10^{-30} 秒的时间里暴胀,飞速成长为一个篮球大小(也可以类比为一个网球在较短的时间里暴胀为可见宇宙那般大小),此后就被通常理解的大爆炸接管了。* 我们的宇宙之所以看起来如此均匀,就是因为它是从一个极小的种子暴胀出来的,那个种子的空间小到不可能有任何密度的变化。这个理论同时也解决了平直性问题,因为暴胀以类似膨胀气球表面的形式抹平了宇宙,任何膨胀的球体都会在暴胀之中变得平直。网球的表面可以认为是三维空间包裹的两维实体,很明显是弯曲的,但是如果这个网球突然被暴胀到当今宇宙这么大,你在它的表面上所做的任何测量都将十分接近平直,就像真实的宇宙一样(当然实际情况是三维,而非两维)。** 这个“种子”则起源于量子涨落,即时空网上一个来不及消失掉的微小涨落。

---

* 这一思想后来被俄裔美国人林德(Andrei Linde)等人作了进一步的发展,但是那些内容超出了本书的主题,可以参见《大爆炸探秘》一书。

** 这个理论同时也解决了视界问题,因为今天的宇宙中相距甚远的两个地方,过去就是紧靠在一起的,是因为超快的宇宙拉伸作用才被分开的。在某种意义上说,这一拉伸发生的速度超过了光速,但是穿过空间的任何物体的速度都不可能比光速更快。桑德奇发现了支持暴胀的这一重要证据,(当然)特别重要的是它还是从观测中发现的。

更棒的是,暴胀期间胚胎宇宙产生的被称为量子涨落的微小扰动也被暴胀作用给拉大了,留下了一些被称为大爆炸特征结构的涟漪。这些涟漪——通常被称为各向异性——就是未来形成像星系(实际上应该是星系团或超星系团)这样的结构的种子,也会在背景辐射上留下印记。从宇宙今天可以看到的涨落大小向后回溯,可以直接解算出背景辐射上这些涨落的大小,表示方式就是天空中各处的温度值与平均值的偏差——大约几十万分之一。所以,对于一个 2.7K 的温度而言,涨落的大小只有正负 0.000 03K(一开的十万分之三)。用暴胀理论可以预测它们应该看到的式样,也就是被拉大了的量子涨落之标记。如果我们的探测器足够灵敏,应该可以看到暴胀在天空中留下的显著记号。"雷利克特 1 号"(不巧的是,以后永远也不会有"雷利克特 2 号"了)没能检测到这些微小的涟漪也不奇怪。下一代探测背景辐射的卫星将具有更为灵敏的探测器。

美国航空航天局的 COBE("宇宙背景探测器"的英文首字母缩写)卫星于 1989 年 11 月发射升空。不在地面进行观测,而将一个较小的射电频率探测器放入环地轨道,其好处就是可以减小来自银河系的气体和尘埃的干扰。这种干扰在较短的波段(靠近红外的部分)比较小,但是地球大气中的水汽会阻挡这种较短波长的辐射,使它们无法到达地面。所以 COBE 等卫星与地面望远镜相比虽然损失了仪器大小的优势,但却在灵敏度上得到了补偿。(基于同样的原因,许多观测结果都来自高山之巅,或是寒冷干燥的南极,甚至使用高空气球来搭载观测仪器。)来自 COBE 的第一批观测表明,背景辐射谱的确是一条非常完美的黑体曲线,对应温度为 2.725K。这一结果在美国天文学会于 1990 年 1 月 13 日举行的会议上被公布。当 COBE 项目发起人马瑟(John Mather)的幻灯片展现了理论与观测曲线完美符合的情形时,听众席中立即爆发出热烈的掌声。但是这还仅仅只是开始*,艰苦的工作还在

* 2006 年,马瑟和他的同事斯穆特(George Smoot)因为 COBE 的成就而分享了诺贝尔奖。

后面。

卫星携带的探测器用了一年多的时间来扫描整个天空,三个探测器中的每一个都完成了七千多万次的测量工作。研究团队随后又用了好几个月的时间来分析数据并将所有的测量结果汇总成一幅天空总图,这幅图显示出差别微小的背景辐射的温度在天空各处的分布情况。所以,直到1992年,他们终于可以宣布天空中各处的背景辐射温度的确存在微小的差异:背景辐射的涟漪,其中的"热"斑温度比平均温度高十万分之三度,而"冷"斑则比平均温度低十万分之三度。这些差别在各种尺度上都是一样的,大的热斑并不比小的热斑更热。这一结果非常符合人们认为暴胀过程应该给宇宙留下印记的预测,为宇宙早期存在微小的物质密度差异提供了证据:星系团就是在这些不规则结构中成长起来的,宇宙并非绝对"完美"。此外,背景辐射还能带给我们什么样的研究成果呢?COBE卫星的成功激发人们设计和展开了更多的地面、气球和空间实验来探测背景辐射的更多细节。但是实施这些计划都需要很长的时间——马瑟关于COBE的原始计划是1974年提出的,距离背景辐射的发现仅仅10年,而到卫星发射的时候却已经过去了15年——待它们实施的时候,我们关于宇宙的认识又已经大步向前发展了。

黑暗的世界

天文学家(至少有一些天文学家)从20世纪30年代开始就已经知道在我们的视力所及范围之外还有更广阔的宇宙,但是直到20世纪末才知道宇宙中由普通物质(重子物质,也就是组成我们身体的物质)组成的部分是多么的微不足道。

回到20世纪30年代,荷兰天文学家奥尔特(Jan Oort)通过研究银河系里恒星的运动,发现有证据表明宇宙中应该存在着比我们所能看见的亮星更多的物质。像太阳这样的恒星都在银盘中以大致圆形的轨道环绕银河系的中心运动,在轨道上运动时也可能在银面上下摆动,但一旦稍许离开银面,就会被引力拉回来。单颗恒星的运动哪怕是经过了几千年也很难进行研究,但是对大量恒星的分布及其运动作统计分析就可以了解总的运动特征。亮星的运动规律表明它们在受到其他亮星影响的同时,似乎也受到了一些看不见的暗物质的引力作用。20 世纪 30 年代的时候还没有人把这个问题当回事,因为大家想当然地认为恒星之间存在足够多的尘埃和气体。实际上,我们现在知道这种性质的暗物质,也就是与组成我们的物质(称为"重子物质",主要是指由质子、中子和电子组成的物质)一样的暗物质的总质量与所有亮星的总质量差不多,然而其总和仍然不足以解释银河系运动的模式。

在更大的尺度上,20 世纪 30 年代在加州理工学院工作的瑞士天文学家兹威基(Fritz Zwicky)在研究星系团的运动时也发现了暗物质可能存在的证据。我们可以根据其亮度(取决于包含的恒星数)来估计星系的质量。所以,我们可以从一个星系团所含有的星系总数量来估算它的总质量。星系团内每个星系的相对运动则可以使用多普勒效应(减去整个星系团的宇宙学红移)来测量。兹威基发现,在很多星系团中,星系的运动速度比星系团的逃逸速度还快——也就是说运动得太快了,以至于仅靠可见物质的引力无法维持整个星系团的存在。快速运动的星系应该在很早以前就已经分崩离析,星系团也就"解体"了,除非星系团中还存在大量不可见的暗物质,其贡献的引力使得整个星系团得以束缚在一起。同样没有人(除了兹威基!)把它当回事,直到 20 世纪 60 年代。甚至当我还是一个学生的时候,每当说起暗物质,人们总是认为兹威基对这个怪想法太固执了,虽然他在别的工作上还是得到了大家的充分尊重。20 世纪 60 年代以前,大爆炸理论还没有为人们所接受。此外,人们总是认为可以引入一些虽不可见却仍然是普通物质的物质来弥补缺憾——比如褐矮星、气体云,或是类似木星这样的大行星。但是当大爆炸理论开始建立起来,特别是霍伊尔等人于 20 世纪 60 年代中后期计算了核合成的细节之后,情况开始发生变化了。

大爆炸中产生的氦和氘的总量与核合成进行时宇宙有多热(可以通过背景辐射来了解)、重子密度、宇宙膨胀、冷却速度等都有关系。反过来说,通过测量今天恒星中这些氢元素的比例(并非易事!),我们就可以解算出大爆炸时的重子密度。天文学家完成这些计算后,发现重子物质的密度远小于平直宇宙所需要的临界密度。当时,这个情况被看成是宇宙具有开放性、膨胀将无限继续的证据。很多宇宙学家都不愿意去设想其他种类的物质,也就是非重子物质成为支配整个宇宙行为之主要力量的可能性。但是20世纪70年代之后,越来越多的证据却表明事实真是如此。对其他旋涡星系自转规律的研究也表明它们为暗物质晕所束缚。关于星系如何从膨胀宇宙中形成的计算机模拟也表明需要大量的暗物质才能提供足够的引力"谷"以供重子流动,最终形成恒星和星系,就像溪流从地球上的溪谷边流下来一样。如果缺少这种后来被称为冷暗物质*的物质,重子物质就会为宇宙膨胀所驱散,永远不会聚集成团形成我们周围的明亮天体(或者说,形成我们自己)。还有很多其他证据不断出现,再加上暴胀理论的预测,宇宙实际上就是平直的。到20世纪80年代中期的时候,天文学家已经很清楚,真正支配宇宙的实际上是暗物质,不仅至少90%的物质从不可见,而且它们与组成我们的普通物质根本就不是同一种物质。

然而,后来发现冷暗物质(CDM)模型也仍然不足以解释宇宙的形态。这里,我们无须深入各种细节,仅凭一个不仅受到宇宙学家关注,而且充分吸引了公众眼球的重要发现,就可知道问题有多严重——它的名字叫做"重子灾难"(baryon catastrophe)**。

---

* 冷暗物质的本质究竟如何争议很大,有待进一步研究,超出了本书的讨论范围。你可以把它想象成是充斥于宇宙各处的粒子海洋,它们和重子物质之间除了引力之外,再没有其他的相互作用了。

** 我在1996年出版的《宇宙指南》(*Companion to the Cosmos*)一书中采用了这个关于重子灾难的解释。

重子灾难是指这样一个难题:对星系团中热气体数量的研究表明宇宙中的重子相对于暗物质的比例过高,以至于把所有物质的正确数量都加起来也无法符合能够使得时空平直的暴胀模型最简版本所预言的。

已经有很多坚实的证据表明宇宙中的大多数物质都以某种看不见的形式存在。理论物理学家很乐于玩弄一种含有冷暗物质、热暗物质、弱相互作用质量粒子(WIMPs),以及混合暗物质等各种古怪名词的数学模型,但是观测者们缓慢地揭开了另一个难以接受的真相。虽然宇宙中确实存在暗物质,但宇宙中的暗物质可能还是少于某些模型的需要。尽管暗物质已经足够怪异,但是存在于宇宙之中的似乎还不仅仅是物质。

热爆炸的标准模型(包含暴胀的概念,也就是在宇宙诞生的最初瞬间曾经有过一个急剧膨胀的特殊时期)告诉我们,宇宙应该包含有接近"临界密度"的物质量以使得时空处于平直的状态并阻止它永远膨胀下去。但是关于早期宇宙如何产生轻元素的理论(原初核合成)将普通重子物质(质子、中子等)的密度限制于只有这个临界量的大约二十分之一。(在这个标准图景中)宇宙中剩余的大部分物质都是某种非重子物质:一些诸如轴子之类的奇异粒子。尽管粒子物理的标准理论预言了它们的存在,但是这些粒子从未被直接看到过。在主流的冷暗物质(CDM)宇宙模型中,正是暗粒子对明亮物质施加的引力在宇宙的演化过程中产生了各种结构。

暗物质存在的证据来自各种尺度的观测。在银河系中,至少存在着和可见恒星物质一样多的不可见物质。对麦哲伦云中恒星的引力透镜观测表明,有一定成分的暗物质可能是重子物质:或者是大行星,或者是昏暗而小质量的褐矮星。从环绕星系盘外围的恒星和气体云的速度还可以推断存在着庞大的暗物质晕,它们也可能是重子物质。如果只考虑单个的星系,那么似乎根本没必要引进CDM。

然而,星系的含量并不代表宇宙的全部。原星系开始坍缩的时候,一定混合了重子物质(以炽热的电离气体的形式存在)和暗物质。在某种意义上,我们说暗物质是“冷”的:单个粒子的运动速度远低于光速,但与重子物质一样,它们仍然具有足够的能量来产生一种压力使它们可以扩散到很大的空间范围。重子物质在发出电磁辐射的同时也损失了能量,所以它们很快就冷却下来,云团中的重子成分失去了热支持就逐渐沉入原星系晕的中心并形成了我们今天看到的星系。然而暗物质并没有冷却下来(因为它们不会发射电磁辐射),依然弥漫于巨大的空间范围里。

因此,为了发现更为典型的物质混合形态,就需要寻找尺度更大、更为后期形成的结构,这里的冷却过程不那么有效。这就是星系团。一个典型的富集星系团可以含有数千个星系。根据多普勒效应可以从它们的谱线蓝移或红移(需要减去由于宇宙膨胀造成的整体红移)求出它们的无规运动速度高达每秒数千千米,由此可以抵抗引力的吸引作用。星系的动能与整体的引力势能之间必须取得平衡,由此可以估算出整个星系团的总质量。这就是兹威基在20世纪30年代所做的工作,那个时候他就作出推论,认为星系质量只占宇宙总质量的一小部分。这个结论实在是太过奇怪了,结果就是天文学家在过去的几十年里都忽视了兹威基的发现。

虽然没有粒子物理学的实验支持,也没有现在可用的宇宙学模型,那些认真对待观测事实的天文学家们仍然会很自然地希望将这些失踪的物质证认为热气体。但这并未实现,也许是因为这些气体的特殊物理条件使得它们在那个时代还无法被探测到。气体粒子的运动速度与星系的运动速度类似,也即气体温度可以高达一亿度,这已足以将大部分结合极为紧密的电子从原子中剥离出来,从而只剩下带正电的离子。这种电离气体主要发射X射线,X射线会被地球大气吸收。所以直到20世纪70年代成功发射了X射线观测卫星,才有可能发现星系团实际上是非常亮的X射线源,人们也才最终认识到炽热气体或者说星系团际介质(ICM)是不可忽略的。

ICM已被证明是星系团的一个重要组成部分,不仅是因为它包含了比星系更多的物质,还因为它们的温度和空间分布可以用来追踪引力场,因此可推算出星系团的总质量,其精度比以往只用星系的手段要高得多。要得到气体的总质量,就需要知道辐射率。这种辐射是电荷相反的两种粒子(离子和电子)之间的碰撞产生的,因此其强度正比于气体密度的平方。我们观测到的实际是真实辐射在天球平面上的投影,在假设球对称的情况下,可以很容易地"反演"推算出密度与星系团中心距离的变化关系。结果发现气体分布的延展程度大于星系的分布,在一些情况下可以延展到距离星系团中心数百万光年的空间尺度。虽然在星系团的中心附近是星系在起主导作用,星系团的气体总量却是星系物质总量的至少3倍,只多不少。(在这里不确定的反而不是气体的质量,而是星系的质量。)然而即使将气体质量和星系质量加在一起,仍然小于星系团的总质量,仍然需要引入大量暗物质。热气体可以以压力的作用抵抗引力的作用以维持整个系统的稳定。为了解算出气体压力与距星系团中心的距离之间的关系,我们就需要知道气体的温度是如何随着距离的变化而变化的。我们通常假设气体是等温的(在整个星系团的范围内都具有同样的温度)。这与观测结果及数值模拟都是符合的,无论是星系的无规运动,还是气体温度,在整个星系团的尺度上变化都十分微小。气体温度可能在星系团的外围部分有所下降,这会使得整体质量的估计值下降。

剑桥大学天文研究所的怀特(David White)及法比安(Andy Fabian)在1995年发表的一篇论文中分析了爱因斯坦卫星获得的19个明亮星系团的观测数据。他们将气体质量与星系团的总质量作了比较,指出气体成分大约占到星系团总质量的10%到22%,平均值在15%左右。如果把星系的质量也加入进来,这个比例会增加1%至5%。所以,星系团中重子物质的比例就大大超过了标准CDM模型针对平直宇宙作出预测所需要的5%。虽然,你仍然需要暗物质(这也是粒子物理学家的需要),但已不再是重子物质的20倍,而是只需要达到重子物质的5倍就可以了。

但是,由于大爆炸模型认为临界密度中只有5%是以重子物质的形式存在,如果星系团中的物质分布在整个宇宙中是典型的,那就意味着即使把5倍于重子物质的暗物质考虑进来,它们的总量也只占到临界密度的30%。如果你想使宇宙物质维持一个较高的密度值(以适应临界密度的需要),你就只能要求宇宙总质量中以重子形式存在的部分大大超出5%,而这又是原初核合成规则所不允许的。

那么,该如何解决这个问题呢?在我写作《宇宙指南》的时候,天文学家们仍在就哈勃常数的准确数值展开激烈讨论。在我曾经提及的一个计算中,我给出的哈勃常数值是50千米每秒每百万秒差距,处于一个可接受的数值范围的较小一端,对应于一个较大、较老的宇宙。

在宇宙学模型里,哈勃常数取值越低,其计算得到的重子比例就越高,而且原初核合成所预测的重子比例增加得更快,这样就可以减小两者之间的矛盾。把哈勃常数降得足够低,就可以在一定程度上调和这两者的矛盾。由于宇宙总质量中不可能有超过100%的部分都以重子的形式存在,所以这个条件反过来也可以对哈勃常数设置一个下限,得到的结果按通常的单位来表达就是14。即使在1996年的时候,我也没有看到任何人推算过如此极端的数值。

所以,这种标准模型的部分基础可能不得不被放弃。这些基础中最弱的假设是认为暗物质是“冷”的。暗物质也可能是热暗物质,也就是那些来自大爆炸,速度接近光速的粒子(例如中微子),但是由于其运动太过无规则而无法形成一个物质团,因此你必须假设星系团和星系团之间也充满大量的物质,也就是说连星系团也无法代表这个宇宙。然而,热暗物质不可能超过暗物质总量的三分之一,因为热物质与普通重子物质之间的相互作用会减慢诸如星系和星系团之类结构的发展,大大延缓它们的形成时间,而这是与我们观测到的遥远而古老的射电星系及类星体相矛盾的。

也有人试图玩一些非标准核合成的游戏,例如允许重子的丰度在宇宙各处有所不同。这个尝试的确降低了一些重子比例的上限,但是模型本身相当勉强,根本没法成为一种有效的标准理论。

到20世纪90年代中期,我们只剩下了两种可能的简单解释,其中一种认为,宇宙的质量密度就是比临界密度低很多。如果"所见即所得",那么宇宙中包含的重子物质比例就是5%,而把所有物质加起来的总质量就是只有临界密度的30%(粗略地说,就是暗物质总量为重子物质总量的5倍)。重子物质中,大约三分之一以星系团中的热气体的形式存在,三分之二以星系的形式存在。宇宙中剩下的其他物质主要就是冷暗物质,也可能散布着一些热暗物质。这样得到的哈勃常数就可以略高于50,与哈勃的关键计划和COBE的测量相一致。但是这又意味着宇宙不是平直的,与暴胀的思想相矛盾。

另外就是最后的一种可能性了,理论物理学家其实早就知道却非常不愿意接受。正如我在1996年所写的:"如果宇宙学家希望保留一个空间上平直的宇宙,如宇宙暴胀理论所预测的那样,那么它们就必须重新引进宇宙学常数的概念。"墨迹未干,关于存在宇宙学常数的证据就已戏剧性地出现了,它的发现者甚为惊讶,因为他们并不知道这些宇宙学的预测。

超新星和超级膨胀

作出这一发现的两个研究团队通过具有高红移的超新星来进行遥远宇宙的巡天研究。早期通过其他方法测定了的近邻星系之距离,可以用来对一种特别的、名为Ia型的超新星进行准确的光度定标,它们被认为具有相同的内禀亮度。之所以这样认定,是因为它们的形成是由于白矮星不断地(从双星系统中的邻近伴星那里)吸积物质,使得其质量越来越大,一旦达到一个非常精确的临界值(无论它们的初始质量有多大,这个临界质量都是一样的),其内部的压力就会激发一种剧烈的核反应,释放的能量可将其外围炸开,该恒星突然之间变得极为明亮,粗略地讲,可以达到40亿个太阳那样的亮度。对宇宙学家来说,超新星究竟是怎样被激发的并不重要,它们关心的是Ia型超新星都具有同样的内禀亮度,*所以可以用作标准烛光。比较Ia型超新星的视亮度就可以给出它们的距离,而这个距离又可以用来与红移作对比。

在20世纪90年代的后半期,有两个较大的研究团队(每一个团队都包含数十名在世界各地工作的成员)正在使用各种可用的技术(更好的地面望远镜和空间望远镜,更好的CCD探测器以及更强大的计算机)来描绘他们所能找到的最暗、最远的超新星的分布情况,从而也就可以描绘出它们所在星系的分布情况。因为天文学家通常使用字母z来代表红移,其中一个团队就将它们的项目称为"高z超新星研究",他们的领导者是澳大利亚国立大学的施密特(Brian Schmidt)和霍普金斯大学的里斯(Adam Riess)。他们的友好对手是一组简称为"超新星宇宙学项目"的团队,其领导者是加州大学伯克利分校的珀尔马特(Saul Perlmutter),两个独立研究的团队同样漂亮地给出了令人吃惊的结果,他们的发现同样指向了一个重量级的发现。

Ia型超新星是颇为罕见的,一个像银河系这样的典型星系中通常一千年才会出现两到三颗Ia型超新星。但是通过对众多天区的照相观测,每一个天区都包含有数百个暗星系,这两个团队还是相信他们能够找到很多这类恒星爆发现象。平均而言,在单个星系中每一千年会发生两次超新星爆发事件,如果你观测50 000个星系,就可以期待每年观测到上百颗超新星。这就提供了研究在遥远距离处的宇宙的好办法,同时由于光速的有限性,这也就意味着可以研究很早以前的宇宙。研究者应用这个巡天计划所期望进行的一项工作就是了解在引力的作用下,由大爆炸引发的宇宙膨胀会怎样减慢。

两个巡天工作的研究结果于1998年开始出现了,涉及的超新星发生时间大约处在宇宙年龄的中期。令他们吃惊的是,两个团队都发现,

* 实际上,只有Ia型超新星的一个子集才具有相同的亮度,细致的观测可以将它们区分出来,但是我们不打算在这里涉及过多的细节。

假如哈勃常数始终保持那个通过近距星系研究得到的数值，那些遥远超新星所在的星系远离我们的速度就没有它们的红移所对应的那么快。这就意味着宇宙在早些时候的膨胀比现在慢——这与他们的预期正好相反。* 如果它的过去膨胀较慢，那就意味着它需要更长的时间才能到达现在的状态。换句话说，超新星数据告诉我们宇宙的年龄一定显著大于 90 亿年，究竟大多少则需要下一代卫星的观测成果来揭秘。

但是，如果宇宙在过去膨胀较慢，那么相对而言，就是现在的膨胀加快了。宇宙的膨胀正在加速。这也正是这个发现在各种新闻发布的头条标题中常见的表述形式。一定是有什么力量在推动着宇宙向外膨胀，这个力量足够强大，可以克服引力的作用，使得宇宙以更快的速率永远膨胀下去。这种未知的"某种力量"就是所谓的"暗能量"。

暗能量最简单的解释就是宇宙学常数 Λ 的表现形式。** 如果这确实是一个常数，并且自大爆炸以来一直保持同一个数值，那么每立方厘米所包含的暗能量就始终是相同的。随着宇宙的膨胀，就必须不断地有"新"的暗能量产生出来以填补额外的空间。听起来是不是有点熟悉？从数学上来说，这确实就是被爱因斯坦抛弃，而被霍伊尔发展成为 C 场宇宙学的那个想法，只是在方程中以 Λ 取代了 C。随着宇宙膨胀，物质密度下降，但暗能量仍保持不变。*** 当引力扮演向内拉扯的角色时，暗能量贡献了将空间外推的弹力作用。大爆炸之后，先是引力起主导作用，因为那时还没有多少暗能量。这将使得宇宙的膨胀减慢。但是在物质密度下降的过程中，引力的作用逐渐减弱，而暗能量密度却保持不变。当引力作用继续减弱的时候，暗能量密度仍然保持不变，经过

---

* 当科学研究出现了与预期相反的结果时，通常是令人欣喜的，因为这也说明研究过程中没有人为的欺骗，或者说研究者没有把自己的主观愿望带到研究工作中去。

** 也存在一些更复杂的"解释"，但我认为都没有必要了。

*** 想象一下如果超新星观测的结果出现在微波背景辐射发现之前，会发生什么情况？这很可能会被用作支持稳恒态宇宙学的一个证据。

数十亿年时间的积累,暗能量逐渐占据了主导地位,从那时起,宇宙的膨胀反而变得更快了。

不仅如此,我们还有更多的故事可说。爱因斯坦告诉我们物质和能量是等价的,暗能量的存在就像物质的存在一样。粗略地说,在引力项中,为了解释观测事实,所需要的宇宙暗能量总量大约是物质总量(亮物质和暗物质之和)的两倍。如果宇宙的确是平直的,并且有三分之一的物质和三分之二的能量与宇宙学常数相关联,那么一切就都说得通了,也就没有重子灾难了。2011 年,两个团队的领导者因此工作分享了诺贝尔奖,官方获奖声明写道:"即使对获奖者本人来说,Λ 的发现也是完全出乎意料的。"但是对于那些已经意识到需要宇宙学常数的宇宙学家而言,实际上并没有那么出乎意料。

添加这一要素的结果是形成了一个名为 Λ - CDM 的标准宇宙学模型,它既包含了宇宙学常数,也包含了冷暗物质。在 21 世纪的头 15 年里,宇宙学家的主要工作就是确定这一标准模型中的各个参数,包括宇宙年龄。这一工作主要是由两颗分别名为"威尔金森微波各向异性探测器"(WMAP)和"普朗克"的科学卫星完成的。

探听宇宙奥秘

即使对于像我这样的伴随这一概念成长的人来说,这样的宇宙图景也是激动人心的:宇宙中只有 5% 的部分是由重子物质(也就是日常生活中的普通物质)构成的,而有 25% 的部分是由我们从未见过的冷暗物质组成,剩下的部分则全是以暗能量的形式存在。我经常会被问到为何以前没有人注意到这一事实,我所能作出的最好的解释只能是:每立方厘米空间体积里的暗能量实在是太少太少了。

物质并非均匀分布于宇宙空间,而是聚集成团,形成类似星系、恒星,甚至人这样的结构。Λ 场却是均匀分布的,相当于每立方厘米 10^{-27} 克,不仅存在于每一立方厘米的"空的"空间,而且存在于每一立方厘米的任何地方。用当今实验室里的任何技术都无法检测到它们的存在。整个地球那么大的体积里所包含的暗能量也只相当于21世纪初平均一个美国人一年所使用的电量。天王星轨道之内的整个太阳系球形空间体积所包含的暗能量也只相当于太阳在数小时里辐射出的电磁能(热和光)总量。要想看到宇宙学常数的影响,你只能通过对整个宇宙的观测。这就是我们的卫星所要完成的工作。

对微波背景辐射的观测告诉了我们宇宙开始变得透明、电磁辐射开始能够在空间自由传播的起始时间。这个事件大致发生在暴胀过后40万年。在那之前,宇宙是如此炽热,以至于中性的原子无法存在,到处都是带电粒子的海洋,充满了电子、氢核和氦核,它们都会与电磁辐射发生相互作用。这些相互作用都在COBE卫星发现的涟漪中留下了印记,这些涟漪,或者说原初各向异性,是暴胀行为在宇宙创生的一瞬间所留下的印记。当宇宙冷却到类似太阳今天的表面温度(大约6000K)时,电中性的原子就将形成,辐射从此可以自由穿行。* 也正是同样的原因使得电磁辐射得以从具有类似温度的太阳表面逃离出来,而这也正是太阳的可见表面形成的原因。在宇宙学的领域,这一事件发生的地方被称为"最后散射面"**。然而,辐射的不规则性并不仅仅只是暴胀留下的各向异性之印记,它在暴胀和最后散射之间的时间里并非完全不受影响。在宇宙最初几十万年的时间里物质分布的方式还以背景辐射中二级涟漪的形式产生了更小的"印记"。其效应只相当于主体各向异性的十万分之一,但是伴随着COBE卫星的成功,研究人员已开始对它们进行测量以改进我们关于宇宙起源和演化的理解。

各向异性——涟漪——的真正本质取决于宇宙膨胀中两个矛盾要素之间的平衡。重子物质的集中(实际上是嵌于暗物质的集合之中,但是暗物质是不与电磁辐射发生相互作用的)以引力的作用将物质拉

---

* 这个过程称为退耦,也就是物质和辐射不再发生强烈的相互作用。——译者

** 这里使用"面"这一术语可能会让读者产生一点误解。实际上退耦过程会持续10万年,当宇宙年龄略小于50万年的时候才结束。

在一起，使得各向异性越来越大。但是只要物质足够热，热到可以与电磁辐射发生相互作用时，快速运动的光子（也就是电磁辐射的粒子）就会倾向于抹平重子分布的不规则性。这两种因素之间的竞争就产生了一种被称为声学振荡（有时也称为重子声学振荡，或简写为BAOs）的特征，可以把它们理解成早期宇宙原料中产生的压力波（声波）。由于物质和辐射之间的相互作用，有些波长的压力波会增加，有些则会消失。最后形成的波长混合模式包含了大量关于宇宙的信息，留待我们进一步解读。

我们需要的是能够将这些波长的压力波从背景辐射中提取出来，同时测定其大小的技术。幸运的是，天文学家们真的找到了这样的工具。功率谱分析就是这样一种能将组成复杂模式的各种规则变化分解开来的技术。只要这个复杂的模式确实是由简单的变化混合组成的，那么这项技术就绝对可靠。当我们在吉他上演奏一段和弦时，六根琴弦都将各自贡献一个不同的音符，共同组合成一个超级复杂的压力波模式，在我们听来就是一种特殊的声音。这一声音模式可以用麦克风记录下来，转变成电信号，然后可以在电脑屏幕上展现成看起来相当混乱的波形曲线，功率谱分析就可以通过分析这些混乱曲线，将其解构成吉他弦发出的一个个音符。它还可以告诉你每一个音符的声音大小——也就是每一个谱成分的强度大小。应用同样的技术也可以对足够灵敏的探测器获得的微波背景辐射模式进行分析并确定当物质和电磁辐射在最后散射期退耦时，也就是这个声学振荡形成之时，究竟是哪一个"音符"在弹奏。

这些振荡包含了大量的信息。让我们换个比喻，通过研究教堂中风琴的音管产生的音调，物理学家不需要看到仪器本身，就可以说出很多关于风琴结构的信息（例如音管的长度）。背景辐射的功率谱通常表现为一张反映不同标度（对应于不同大小的振荡）上的功率的图，大的标度靠左而小的标度靠右，峰值对应于振荡最强的地方（标度），而弱的地方则表现为谷。这样的图中显示出一个较大的峰，然后向右

(较小的标度)出现一系列较小的波动。第一峰值甚至使用 COBE 卫星也难以直接测出,随后数年时间里通过气球上搭载的仪器以及一些地面观测的配合,才得到了具有一定精度的分析。这一峰值的位置于 2000 年得到了较好的确定,告诉了我们关于宇宙曲率的信息,提供了关键证据证明宇宙是平直的,同时也就明确指出了宇宙的密度,以及暗物质和暗能量的存在。理论学家通过第一个峰和第二个峰的高度之比可以确定有多少物质是重子物质(与"重子灾难"的争论无关),第三个峰值则可以提供暗物质的信息。但是 COBE 本身还不够灵敏,难以提供这些峰值的更多细节,即使是气球观测也只能提供一些粗略的测量。(气球实验无法进行全天观测,也不能像卫星那样工作那么长的时间。)最好的方法是将地面和气球观测到的仅能覆盖部分天区的最精确小尺度各向异性的结果,与以较高精度获得的全天大尺度各向异性的结果结合起来。这就是下一代卫星的成就了。

最后的真相

NASA 的"威尔金森微波各向异性探测器"(WMAP)亮相了,它于 2001 年 6 月 30 日发射升空。这颗卫星原名为"微波各向异性探测器",简称 MAP,2003 年的时候为纪念前一年去世的威尔金森而改为现名。这一探测计划是 1995 年提出并于 1997 年获得批准的。从提交计划到落实硬件的速度之快可见其重要性之大,也可见 COBE 卫星的结果对此类探测带来的震撼有多大。WMAP 的探测灵敏度达到 COBE 携带仪器的 45 倍,空间分辨率超过以往探测器的 35 倍,因为可以"看"到更多的细节——WMAP 可以分辨出五分之一度的细节,或者说约为满月视大小的三分之一。* 它在 5 个波长上进行工作,计划预期

* COBE 的角分辨率为 7 度,约为满月视大小的 14 倍,这使得 COBE 只能感知较粗的空间涨落信息。

工作寿命为两年,实际证明它非常成功,因此经批准延长了服役时间,共完成了9年的观测。2010年的时候,它被引入了“坟墓”轨道以避免它阻碍未来的卫星工作。时至今日,它也没有受到大的损坏,每15年环绕太阳运转14次。

WMAP开展观测的第一年就获得了预期中的成功。来自卫星的数据将宇宙年龄确定为134±3亿年,哈勃常数为72±5,宇宙中略小于5%的质量以重子物质的形式存在,而要使得宇宙保持平直所需要的物质总质量约为28%,也就意味着剩余72%是暗能量。总的来说,涨落的模式与暴胀的预期是符合的。*

综合分析WMAP的观测数据与包括气球观测在内的其他测量结果可以更为精确地确定宇宙学的各种参数。随着时间的推移,WMAP的观测持续进行,测量结果也越来越精确。其他关于宇宙学研究的观测中最重要的一个是星系巡天,它可以通过对数百万个星系在天空中的分布情况来确定重子声学振荡的印记。9年之后,WMAP本身数据的最新分析将宇宙年龄确定为137.4±1.1亿年,哈勃常数H为70.0±2.2,重子所占比例为4.6%,冷暗物质占24%,暗能量占71%。这一关于H的测量与传统基于造父变星的测量方法完全无关,两种结果的一致(在误差范围内)证实了Λ-CDM模型的有效性。如果还需要更多的证据,那就是,测量结果确定了,空间曲率与完全平直性的差别小于0.4%。如果再考虑其他类型的观测结果,这些数值还会有所微调,估计的宇宙年龄将变为137.72±0.59亿年。随着WMAP的退役,又一颗卫星,欧洲航天局的普朗克卫星接过了接力棒,更进一步精化这些数值。

很显然,普朗克卫星的得名是为了纪念那位首先对黑体辐射的本质作出解释的科学家。阿里亚娜5号火箭于2009年5月14日发射了两

---

* 需要指出的是这些解释都是基于对数据最简单的解释。更为复杂的解释方案也是可能的,例如假设宇宙学常数随时间有变化之类,但我觉得除非确有需要,否则没有必要再去节外生枝。

颗极其成功的卫星，普朗克卫星就是其中之一。发射普朗克卫星的提案于1993年第一次提交给了欧洲航天局（比WMAP提交给NASA还早两年），用了16年的时间才从原始提案变成了待发射的卫星。这一更为谨慎的审批过程也带来了使用更先进技术的优质卫星。它的灵敏度比WMAP高3倍以上，也就是说可以测量天空中小到百万分之一度的温度差，它所覆盖的观测波段也比WMAP更宽，而且可以分辨出十二分之一度角直径的热斑和冷斑，空间分辨率是WMAP的两倍。所以，它的观测结果将成为宇宙学研究的一个新基石，除非未来有更为灵敏的卫星发射入轨。该火箭发射的另一颗卫星名为赫歇尔，用于从红外波段探测宇宙。我在萨塞克斯大学的一些同事也是赫歇尔卫星团队的成员，我和他们一起在大学里通过大屏幕观看了这次火箭发射。（我狡猾地隐藏了我的真实想法，实际上我对普朗克卫星的兴趣要大于"他们的"卫星。）普朗克卫星于2009年7月3日到达它的运行轨道并开始了观测，一直工作到2013年10月，其时它的制冷液氦已经耗尽，燃料也不够了，因此转入了"坟墓"轨道并关闭了所有的设备。

普朗克卫星巡天的第一批详细结果发布于2013年3月，比起WMAP又有了一些提高。正是其宣布"宇宙的年龄"为138.2亿年时的兴奋激起了我写作本书的冲动。更为精确地说，其时普朗克卫星的单独数据给出的年龄是138.19亿年。结合BAOs（重子声学振荡）星系巡天和其他来源的数据，年龄的"最佳估计"值被确定为137.98±0.37亿年。2014年底研究人员完成了对普朗克卫星数据更细致的分析，并于2015年2月正式发布结果，给出的哈勃常数值是67.8，而宇宙的年龄则为137.99亿年。如果结合Ia型超新星和BAOs巡天的数据，那么哈勃常数的数值将变为67.74，推导出的宇宙年龄仍为137.99亿年，误差仅为0.21亿年。所以，如果不考虑小数点*，那么宇宙年龄的

* 国外习惯使用的单位是十亿（billion），所以原文中的138亿都是表示为13.8十亿，因此此处的原文是"如果只考虑一位小数"，此处及后文相关处均根据国内习惯作了适当的修改。

“最佳”估计就是138亿年。这个数值不太可能发生改变了，所以十分值得在黑板上写下这个数值。这意味着到2015年底，关于宇宙年龄的争论已经仅仅局限于小数位上了，不再会出现重大差异了。普朗克卫星的结果与WMAP的结果非常一致，但是精度更高。值得强调的是它们之间的一致性远比差异性更为重要。即使你只选取各自的平均值而忽略其误差范围，两组观测对于大约140亿年时间跨度的估计值之差别也只有1亿年，也就是说其“误差”小于百分之一。

然而，也并非每一个结果都那么相符。2013年，将普朗克卫星与其他来源的数据相结合，计算出宇宙中暗能量的比例为69.2% ±0.01(2014年12月又更新为68.3%)，总物质比例则为31.5% ±1.7(后来更新为31.7%，其中略小于六分之一，即宇宙密度的4.9%是重子物质)，相应的H值则为67.80 ±0.77(这是“原始”普朗克卫星数据的结果，2014年12月更新为67.15)。这一结果表明宇宙的膨胀速度比之前推想的略慢一些。虽然这一结果仍然落在WAMP结果的可能范围的低值区内，但是WMAP结果的可能范围的高值区与传统技术得出的结果比较一致，也就是说普朗克卫星成果的误差范围与传统技术得到的最新结果并不一致(例如2014年使用造父变星加超新星的方法得到的哈勃常数值为73.8 ±2.4)。这就意味着还不能说Λ－CDM模型完美地描述了宇宙的行为。尽管普朗克卫星合作团队的领导人布歇(François Boucher)强调说“我们没有发现违背Λ－CDM的坚实证据”，但这仍然是一种压力，未来也许会使我们像我在前文的脚注中说的那样，被迫探索更为复杂的解释方案。也可能只是某种我们一时还未能理解的原因造成了与最简单模型的一点小偏差。有一种猜测认为我们可能正好生活在宇宙中一个密度略低于平均密度的区域，这个区域被称为“哈勃泡泡”。与整个宇宙相比，即使是超新星技术也只覆盖了宇宙中的一小部分区域(也正因此，我们认为微波背景辐射的测量提供了一种更可靠的宇宙年龄测定办法)，如果这一区域的密度略微偏低，泡泡之外的物质就会拉扯我们看到的星系，从而造成一个哈勃常数偏大的假象。* 我要强调的是,这还只是一个猜想,很有可能是错误的,但是任何能向 Λ-CDM 模型提出挑战的方案都会被要求对很可能微小的差异作出解释,正是这种挑战最能激发科学家的斗志。如果所有的观测结果都与理论预测完美符合,那么生活就太无趣了。只要有不一致的存在,我们就会拥有百倍热情提出新解释去破解这些差异。

尽管如此,研究发现,最老的恒星和宇宙的年龄几乎一样——恒星的年龄比它们所在的宇宙的年龄略小一些——这真是目前所得到的意义最深远的发现之一。它强烈表明广义相对论和量子力学两者的基础都是正确的,终有一天它们会统一起来。最令人震惊的是,根据普朗克卫星的探测结果,我们对宇宙年龄的测定误差竟然可以小于百分之一。这确实就是科学的"终极真相",也充分证明了科学正是我们理解这个世界如何运行的最佳途径。

---

* 有趣的是,回到 1999 年,萨塞克斯大学的一个研究小组(我也是其中一员)曾经认为使用哈勃泡泡的假设就可以不再需要 Λ。我们的推论是:"如果我们是生活在一个局部低密度的地方,那么之前流行的宇宙模型,例如开宇宙或是没有宇宙学常数的临界物质密度的宇宙,就都是可以接受的。"参见:Goodwin et al.,'The local to Global H_0 ratio and the SNe 1a results',1999 年 6 月 10 日,arXiv:astro-ph/9906187.

术语表

（也可参见我的另一本书，《宇宙指南》，该书的术语表更全。）

绝对星等（Absolute magnitude）：恒星在距我们10秒差距处表现出来的视亮度。

α粒子（Alpha particle）：由两个质子和两个中子紧密束缚在一起而组成的“粒子”，在很多情况下都表现为一个单独的个体，等同于氦原子的原子核。

人择原理（Anthropic principle）：这一原理认为，正是宇宙中生命的存在（特别是人类的存在）能为解释宇宙为何是现在这个样子，以及怎样演化到今天的状态设定限制条件。

反物质（Antimatter）：一种特殊的物质形式，其关键特性（例如电荷）与日常的物质正好相反。例如，带正电的正电子就是日常生活中带负电的电子所对应的反物质。

原子（Atom）：日常物质能够参与化学反应的最小组成成分，所有的元素，例如氧元素或铁元素，都是由某一种原子组成的。每一个原子都由位于中心的一个极小的原子核及周围环绕着的电子云构成。

重子物质（Baryonic matter）：这一名称用来指称日常生活中的普通物质，它们由质子、中子和电子组成。严格地说，电子不是重子，因为它们的质量与质子和中子相比极其微小。

大爆炸理论（Big Bang theory）：一种拥有众多观测证据（例如宇宙微波背景辐射）支持的关于宇宙起源的理论，它认为宇宙起源于一个炽热而致密的状态。

双星系统（Binary system）：一对相互绕转的恒星。

黑体(Black body):一种理论上假想的可以吸收落于其上的所有电磁辐射的物体。一个热的黑体也是理想的电磁能量的发射体。太阳和恒星都很像黑体。

黑体辐射(Black-body radiation):黑体所发出的辐射。

造父变星(Cepheid):一种亮度规则变化的变星,天文学家可以求出它的平均亮度,从而算出它们有多远。

经典物理学(Classical physics):可以应用于比原子大得多的物体的规律和方程。

冷暗物质(Cold dark matter, CDM):宇宙中居于支配地位的物质成分,它与普通物质的数量比约为5∶1。CDM的存在是根据其引力影响推测出来的,没有人知道它们究竟是什么。

宇宙微波背景辐射(Cosmic background radiation):宇宙大爆炸所遗留下来的一种辐射,今天仍然可以从太空中各个方位接收到微弱的射电嘶嘶声,这种辐射与理想的黑体辐射非常接近。

宇宙学常数(Cosmological constant):一个用于标志宇宙中有多少暗能量的数字,通常用希腊字母Λ来表示。

宇宙学红移(Cosmological redshift):由于宇宙膨胀而导致遥远天体的光波波长被拉长的现象,光谱中的特征细节都被移向了波长较长(偏向红色)的一端。

临界密度(Critical density):使宇宙的时空结构成为平直所需要的物质密度。临界密度相当于每立方米的空间体积里存在大约5个氢原子。

暗能量(Dark energy):充满所有空间的一种能量形式,只能通过它对宇宙膨胀方式的影响而被探测到。宇宙的质量—能量总量中有三分之二是以这种形式存在的。

暗物质(Dark matter):仅根据引力对星系运动和宇宙膨胀的影响推测出应该存在的一种物质,研究表明暗物质的总质量约为重子物质总质量的5倍或6倍。

氘(Deuterium):氢元素的同位素,其原子核由一个质子和一个中子组成。

盘星系(Disc galaxy):一种由数千亿颗恒星组成的系统,大部分都有一个扁平的盘,其中可能还有旋涡结构。我们所在的银河系也是一个盘星系。很多(但不是所有)盘星系都有旋涡结构。

多普勒效应(Doppler effect):由于运动而产生的光的波长(或频率)改变的现象。对于靠近我们运动的物体,波长被压缩(蓝移),而对于远离我们而去的物体,波长将被拉伸(红移)。需要注意的是,宇宙学红移不是一种多普勒效应。

电磁辐射(Electromagnetic radiation):任何由电和磁所组成的辐射形式,包括可见光、射电波和X射线。它们都可以由麦克斯韦提出的一组方程式来描述。

电子(Electron):带负电荷的粒子,构成了原子的外围部分。

元素(Element):由原子组成的物质,每一种元素都在其核中拥有同样数量的质子,因此也就拥有同样数量环绕其核运动的电子(这个性质决定了元素的化学性质)。有些核中拥有不同数量的中子,因此同样的元素就会存在不同的同位素。

椭圆星系(Elliptical galaxy):一种没有显著内部结构的大型恒星系统,通常拥有一种类似橄榄球那样的椭球形状。

焰色试验(Flame test):用于确定某种未知物质的简单方法。用一个干净的线圈沾上这一物质(一种化合物,例如氯化钠)然后置于本生灯的火焰中。火焰的热会激发原子(严格地说应该是离子),导致它们发射具有特征颜色的可见光(纳的特征颜色就是黄色)。

星系(Galaxy):(小写'g'开头时)指由多达数千亿颗像太阳那样的恒星组成的天体集团。(大写'G'开头时)特指我们自己所在的星系,也就是银河系。

广义相对论(General theory of relativity):爱因斯坦提出的一种用于描述弯曲时空中物质和引力之关系的理论。

球状星团(Globular cluster):由数百万颗恒星组成,呈密集的球形空间分布的天体集团。

引力(Gravity):物质团之间彼此吸引的力,例如地球会吸引你的身体,你的身体也会吸引地球。爱因斯坦应用广义相对论对引力的作用方式作了新的解释。

哈勃常数(Hubble constant):也可以称为哈勃参数,是一个表征宇宙膨胀有多快的数值。

暴胀(Inflation):宇宙诞生的极早期,一点极微小的量子涨落可在极短的时间里极速扩展到篮球般大小。

离子(Ion):一个原子(也可以是分子)失去一个或多个电子而带上正电的状态被称为离子。离子的光谱不同于它们的"母"原子。原子也可能得到电子而表现为整体带负电。

开尔文温标(Kelvin temperature scale):一种从绝对零度——-273.15℃开始计量的温度系统。开尔文温标的一度大小与摄氏温标的一度是一样的,但用K标记,并不再带有"度"的符号。例如,0℃就是273.15K,等等。

开尔文—亥姆霍兹时标(Kelvin-Helmholtz timescale):一颗像太阳这样的恒星,如果仅在自身重量作用下收缩而持续发出能量所能够持续的时间长度——大约2000万—3000万年。在19世纪中叶,天文学家和物理学家都对太阳怎样维持其热度感到困惑。他们认识到,即便太阳完全由煤组成,并在由纯氧组成的大气中燃烧,那它也将在不到10万年内耗尽,但是来自地质学的证据表明地球接受太阳温暖照射的时间远远不止于此。德国的亥姆霍兹和英国的威廉·汤姆孙(后来称开尔文勋爵)分别独立地提出了类似的解释方案。他们认为太阳仅靠自身缓慢的收缩,将引力能转换成热能,就可以维持今天这样的明亮地照耀数千万年。

基尔霍夫定律(Kirchhoff's law):在给定温度下,物体发出电磁能的速率等于该物体在同一波长(频率)上吸收电磁能的速率。基尔霍夫于1859年最早提出了这一定律,并于1861年给出了证明。这一定律使他于1862年提出了黑体和黑体辐射的概念,并为普朗克随后将量子概念引入物理学奠定了基础。

Λ场(Λ field):暗能量的另一种名称。

光年(Light year):光在一年的时间里走过的距离,等于9.46万亿千米。这是一个距离单位,不是时间单位。

星等(Magnitude):恒星亮度的表征,天文学家根据以英国天文学家普森(Norman Pogson)命名的标度系统来作测量。恒星越暗,其普森标度值越大,由于历史的原因,两个天体的星等数如果相差5,则表示其中一个天体比另一个天体亮(或暗)100倍。

主序星(Main sequence star):一颗恒星(比如太阳)在其大部分生命阶段所处的平稳状态。

多宇宙模型(Multiverse model):一种理论猜测,认为我们所在的整个可观测宇宙其实只是众多可能的宇宙——多宇宙——的一个"泡泡"。

星云(Nebula):现代的含义是恒星和恒星之间由气体和尘埃组成的云团。在历史上,这个名词也曾经包括了银河系之外的星系,例如仙女座星系就曾经被认为是仙女座星云,现代已经废弃了这种用法。

中子(Neutron):原子核中的中性粒子。

中子星(Neutron star):年老恒星(爆发后)的残骸因坍缩形成的天体,几乎完全由中子组成,一颗典型的中子星通常在直径大约10千米的体积内包含有比太阳质量还大一点的物质。

新星(Nova):一种恒星突然增亮的现象,看起来好像是天空中出现了一个"新"的天体。

核聚变(Nuclear fusion):轻原子核(特别是氢核)聚合转变成较重的原子核(特别是氦核)的反应过程。这一过程释放出能量并使得太阳那样的恒星持续发光。

核子(Nucleon):质子和(或)中子的统称。

核合成(Nucleosynthesis):从较轻的元素生成较重元素的自然过程,其中一小部分发生在宇宙大爆炸过程中(大爆炸核合成),但是除了氢和氦之外的大多数元素都是在恒星内部形成的(恒星核合成)。

视差(Parallax):从不同的位置观察同一个天体时,会看到它在天空中的位置发生了移动。应用三角测量原理可以通过此现象来计算天体的距离。视差现象是很容易看到的,在一个手臂长度的地方竖起你的手指,闭上一只眼睛,只用一只眼睛去看你的手指。然后将睁开的眼睛闭上,睁开另一只眼睛再去看你的手指,你会发现你的手指相对于远处的背景发生了位置移动。从原理上说,你只要能够测量出你的手指移动了的角度,就可以计算出手臂的长度,当然谁也不会这么自找麻烦。

秒差距(Parsec):天文学家常用的一种距离测量单位,1 秒差距等于 3.2616 光年。1 秒差距是使得日地连线对天体的张角正好为 1 角秒时对应天体的距离。

光子(Photon):组成光或各种电磁辐射的粒子。

行星(Planet):大型岩石或气体组成的球形天体,因其质量足够大,引力作用使其呈现为球形,围绕恒星做轨道运动。

地球平庸原理(Principle of terrestrial mediocrity):这个原理是说我们在宇宙中毫无任何特殊之处,我们周围的环境和盘星系中一颗普通星的环境没什么区别。

质子(Proton):带正电的粒子,原子核的组成成分之一。

量子物理学(Quantum physics):用于描述像电子和原子那么微小的物质之行为的定律和方程。

红巨星(Red giant):一种处于演化后期的恒星,膨胀到了其直径达到现今地球绕日轨道直径的程度。

反射望远镜(Reflecting telescope):一种使用有一定曲率的镜面来收集星光和放大成像的望远镜。

折射望远镜(Refracting telescope):一种使用透镜来收集星光和

放大成像的望远镜。

奇点(Singularity):一个体积为零的点,或是一条宽度为0的线。

光谱学(Spectroscopy):一种通过分析天体的光来揭示其组成成分的技术。每一种元素,例如氢或碳,都会在光谱中产生一条特征谱线,就像指纹或条形码一样。夫琅禾费首次对太阳光谱中的谱线进行了详细的研究。

光谱(Spectrum):将白光通过棱镜分解后产生的像彩虹那样的多彩光带。肉眼可见的颜色分别为红、橙、黄、绿、蓝、靛和紫。红色的波长最长,紫色的波长最短。

光速(Speed of light):这是任何物体在空间的运动都不能超越的极限速度,每秒299 792 458米(接近于每秒3×10^8米)。

恒星(Star):一种炽热的气体球,比行星大许多倍,因其内部的核反应释放能量而发光。太阳就是一颗恒星。

稳恒态模型(Steady-state model):一种认为宇宙在最大尺度上其全貌在任何时间都保持不变的理论。大爆炸模型的成功使得该理论的原型已经失效,但该理论的一些变体形式在诸如多宇宙模型及暴胀模型之中可能还是合理的。

恒星光谱学(Stellar spectroscopy):对恒星星光的光谱分析和研究。在炽热气体中,快速运动的原子之间的碰撞会将电子提升到一个能级较高的激发态,然后它们又会跌回较低能级状态,在这一过程中产生发射线。而在较冷的气体中,电子会吸收背景光而被提升到激发态。通过恒星光谱分析可以了解恒星是由哪些原子组成的。

超新星(Supernova):质量大到一定程度的恒星在演化的晚期将会产生的一种爆发现象,使得该星体的亮度急剧上升,短时间内达到的亮度可以与整个星系的亮度相当。超新星爆发之后留下的残骸可能是一颗中子星,也可能是一个黑洞。

隧道效应(Tunnel effect):一种由于量子力学的不确定原理而产生的效应,它可以允许诸如电子和α粒子这样的粒子逃出或闯入原子核,而在经典力学的体系里它们是不具有足够的能量来克服原子核的束缚或排斥的。这一效应与量子实体的波粒二象性有关。

波粒二象性(Wave-particle duality):这一概念是说量子实体在不同的环境条件下既可以表现为波动性,又可以表现为粒子性,已为实验所证实。这并不是说这些实体就是波或粒子,我们没法知道它们到底是什么,我们只能在某一特定实验中,根据它们与日常生活中的波或粒子的性质作类比来使用相应的性质对其进行描述。

白矮星(White dwarf):一种死亡的恒星。太阳将以白矮星结束其生命,大小与现在的地球相当。白矮星上1立方厘米的物质可以重达1吨。

维恩定律(Wien's law):黑体的温度与其发出最强辐射能量的对应波长之间的关系,因纪念德国物理学家维恩(1864—1928)而得名。维恩因其在热辐射定律上的贡献而获得了1911年的诺贝尔奖。

注释

1. Rhodri Evans's *The Cosmic Microwave Background: How It Changed Our Understanding of the Universe* (Springer, 2015)是了解这一探测历史最好的著作。
2. 参见 Chown, *Afterglow of Creation*。
3. 参见 Chown。
4. 参见诺贝尔演讲。
5. 1948 年 11 月。
6. 参见 Alpher and Herman, *Genesis of the Big Bang*。
7. 参见 Chown。
8. 参见 Mather and Boslough, *The Very First Light*。
9. 重印于文集 *Observing the Universe*, edited by Nigel Henbest, Oxford: Blackwell, 1984。
10. 参见 *Nature*, vol. 65(1902):587。
11. *Macmillan's Magazine*, 5 March 1862.
12. 参见 J. Burchfield, *Lord Kelvin and the Age of the Earth*, London: Macmillan, 1975。
13. 引自 *Rutherford at Manchester*, edited by J. B. Birks, Manchester: Heywood & Co., 1962。
14. 引自 Burchfield。
15. 参见 *Essential Astrophysics* by Kenneth Lang, Heidelberg: Springer, 2013。
16. 参见 Mitton, *Fred Hoyle*。
17. 参见 Mitton。
18. 参见 Croswell, *The Alchemy of the Heavens*。
19. 参见 Croswell 或 *Stardust* by Gribbin, London: Allen Lane, 2000。
20. 它的影印本现在尚可见到, edited by Michael Hoskin, London: Macdonald, 1971。
21. 参见 Simon Goodwin, John Gribbin and Martin Hendry, 'The relative size of the

Milky Way', in *The Observatory*, vol. 118(1998):201—8。

22. 参见 Way and Hunter, ed., *Origins of the Expanding Universe: 1912—1932*。
23. Ari Belenkiy 翻译, in Michael Way and Deirdre Hunter, ed., *Origins of the Expanding Universe: 1912—1932*, San Francisco: Astronomical Society of the Pacific, 2013.
24. 参见 Nussbaumer and Bieri, *Discovering the Expanding Universe*。
25. 引自 John Farrell, in Michael Way and Deirdre Hunter, ed., *Origins of the Expanding Universe: 1912—1932*, San Francisco: Astronomical Society of the Pacific, 2013.
26. 欲知更多,参见 *In Search of the Multiverse*。
27. 参见 Lightman and Brawer, *Origins*。

致谢

萨塞克斯大学为我提供了工作基础，那里的天文学研究团队对各种天文课题提供了许多启发性的讨论。除此之外，加州大学欧文分校的特林布尔(Virginia Trimble)帮助我们梳理历史线索，巴黎天体物理研究所的布歇(François Boucher)给予了我极大的帮助，让我随时可以获得普朗克卫星的最新发现。此外，还要感谢 Alfred C. Munger 基金会持续给予的经济支持。

本书参考文献可至上海科技教育出版社网站查阅，网址如下：

http://www.sste.com

责任编辑　王乔琦　殷晓岚
装帧设计　汤世梁

哲人石丛书
创世 138 亿年
——宇宙的年龄与万物之理
约翰·格里宾　著
林清　译

上海科技教育出版社有限公司出版发行
（上海市柳州路 218 号　邮政编码 200235）
网址：www.ewen.co　www.sste.com
各地新华书店经销　上海商务联西印刷有限公司印刷
ISBN 978－7－5428－6623－3/N·1018
图字 09－2017－571 号

开本 635×965　1/16　印张 13.25　插页 12　字数 177 000
2017 年 12 月第 1 版　2017 年 12 月第 1 次印刷
定价：38.00 元

The Most Important Fact In the Search for the Theory of Everything

John Gribbin

——宇宙的[illegible]与万物之理

上海科技教育出版社有限公司出版发行
上海市柳州路218号 邮政编码200235
网址：www.sste.com www.ewen.co
各地新华书店经销
ISBN 978-7-5428-6623-3/N·1018

哲人石丛书

当代科普名著系列　当代科技名家传记系列
当代科学思潮系列　科学史与科学文化系列

第一辑

确定性的终结——时间、混沌与新自然法则 13.50 元
伊利亚·普利高津著　湛敏译

PCR 传奇——一个生物技术的故事 15.50 元
保罗·拉比诺著　朱玉贤译

虚实世界——计算机仿真如何改变科学的疆域 18.50 元
约翰·L·卡斯蒂著　王千祥等译

完美的对称——富勒烯的意外发现 27.50 元
吉姆·巴戈特著　李涛等译

超越时空——通过平行宇宙、时间卷曲和第十维度的科学之旅 28.50 元
加来道雄著　刘玉玺等译

欺骗时间——科学、性与衰老 23.30 元
罗杰·戈斯登著　刘学礼等译

失败的逻辑——事情因何出错，世间有无妙策 15.00 元
迪特里希·德尔纳著　王志刚译

技术的报复——墨菲法则和事与愿违 29.40 元
爱德华·特纳著　徐俊培等译

地外文明探秘——寻觅人类的太空之友 15.30 元
迈克尔·怀特著　黄群等译

生机勃勃的尘埃——地球生命的起源和进化 29.00 元
克里斯蒂安·德迪夫著　王玉山等译

大爆炸探秘——量子物理与宇宙学 25.00 元
约翰·格里宾著　卢炬甫译

暗淡蓝点——展望人类的太空家园 22.90 元
卡尔·萨根著　叶式辉等译

探求万物之理——混沌、夸克与拉普拉斯妖 20.20 元
罗杰·G·牛顿著　李香莲译

亚原子世界探秘——物质微观结构巡礼 18.40 元

艾萨克·阿西莫夫著　朱子延等译

终极抉择——威胁人类的灾难 29.00 元

艾萨克·阿西莫夫著　王鸣阳译

卡尔·萨根的宇宙——从行星探索到科学教育 28.40 元

耶范特·特齐安等主编　周惠民等译

激情澎湃——科学家的内心世界 22.50 元

刘易斯·沃尔珀特等著　柯欣瑞译

霸王龙和陨星坑——天体撞击如何导致物种灭绝 16.90 元

沃尔特·阿尔瓦雷斯著　马星垣等译

双螺旋探秘——量子物理学与生命 22.90 元

约翰·格里宾著　方玉珍等译

师从天才——一个科学王朝的崛起 19.80 元

罗伯特·卡尼格尔著　江载芬等译

分子探秘——影响日常生活的奇妙物质 22.50 元

约翰·埃姆斯利著　刘晓峰译

迷人的科学风采——费恩曼传 23.30 元

约翰·格里宾等著　江向东译

推销银河系的人——博克传 22.90 元

戴维·H·利维著　何妙福译

一只会思想的萝卜——梅达沃自传 15.60 元

彼得·梅达沃著　袁开文等译

无与伦比的手——弗尔迈伊自传 18.70 元

海尔特·弗尔迈伊著　朱进宁等译

无尽的前沿——布什传 37.70 元

G·帕斯卡尔·扎卡里著　周惠民等译

数字情种——埃尔德什传 21.00 元

保罗·霍夫曼著　米绪军等译

星云世界的水手——哈勃传 32.00 元

盖尔·E·克里斯琴森著　何妙福等译

美丽心灵——纳什传 38.80 元

西尔维娅·娜萨著　王尔山译

乱世学人——维格纳自传 24.00 元

尤金·P·维格纳等著　关洪译

大脑工作原理——脑活动、行为和认知的协同学研究 28.50 元

赫尔曼·哈肯著　郭治安等译

生物技术世纪——用基因重塑世界 21.90 元

杰里米·里夫金著　付立杰等译

从界面到网络空间——虚拟实在的形而上学 16.40 元

迈克尔·海姆著　金吾伦等译

隐秩序——适应性造就复杂性 14.60 元

约翰·H·霍兰著　周晓牧等译

何为科学真理——月亮在无人看它时是否在那儿 19.00 元

罗杰·G·牛顿著　武际可译

混沌与秩序——生物系统的复杂结构 22.90 元

弗里德里希·克拉默著　柯志阳等译

混沌七鉴——来自易学的永恒智慧 16.40 元

约翰·布里格斯等著　陈忠等译

病因何在——科学家如何解释疾病 23.50 元

保罗·萨加德著　刘学礼译

伊托邦——数字时代的城市生活 13.90 元

威廉·J·米切尔著　吴启迪等译

爱因斯坦奇迹年——改变物理学面貌的五篇论文 13.90 元

约翰·施塔赫尔主编　范岱年等译

第二辑

人生舞台——阿西莫夫自传 48.80 元

艾萨克·阿西莫夫著　黄群等译

人之书——人类基因组计划透视 23.00 元

沃尔特·博德默尔等著　顾鸣敏译

知无涯者——拉马努金传 33.30 元

罗伯特·卡尼格尔著　胡乐士等译

逻辑人生——哥德尔传 12.30 元

约翰·卡斯蒂等著　刘晓力等译

突破维数障碍——斯梅尔传 26.00 元

史蒂夫·巴特森著　邝仲平译

真科学——它是什么,它指什么 32.40 元

约翰·齐曼著　曾国屏等译

我思故我笑——哲学的幽默一面 14.40 元

约翰·艾伦·保罗斯著　徐向东译

共创未来——打造自由软件神话 25.60元
彼得·韦纳著　王克迪等译
反物质——世界的终极镜像 16.60元
戈登·弗雷泽著　江向东等译
奇异之美——盖尔曼传 29.80元
乔治·约翰逊著　朱允伦等译
技术时代的人类心灵——工业社会的社会心理问题 14.80元
阿诺德·盖伦著　何兆武等译
物理与人理——对高能物理学家社区的人类学考察 17.50元
沙伦·特拉维克著　刘珺珺等译
无之书——万物由何而生 24.00元
约翰·D·巴罗著　何妙福等译
恋爱中的爱因斯坦——科学罗曼史 37.00元
丹尼斯·奥弗比著　冯承天等译
展演科学的艺术家——萨根传 51.00元
凯伊·戴维森著　暴永宁译
科学哲学——当代进阶教程 20.00元
亚历克斯·罗森堡著　刘华杰译
为世界而生——霍奇金传 30.00元
乔治娜·费里著　王艳红等译
数学大师——从芝诺到庞加莱 46.50元
E·T·贝尔著　徐源译
避孕药的是是非非——杰拉西自传 31.00元
卡尔·杰拉西著　姚宁译
改变世界的方程——牛顿、爱因斯坦和相对论 21.00元
哈拉尔德·弗里奇著　邢志忠等译
“深蓝”揭秘——追寻人工智能圣杯之旅 25.00元
许峰雄著　黄军英等译
新生态经济——使环境保护有利可图的探索 19.50元
格蕾琴·C·戴利等著　郑晓光等译
脆弱的领地——复杂性与公有域 21.00元
西蒙·莱文著　吴彤等译
孤独的科学之路——钱德拉塞卡传 36.00元
卡迈什瓦尔·C·瓦利著　何妙福等译
科学的统治——开放社会的意识形态与未来 20.00元
史蒂夫·富勒著　刘钝译

千年难题——七个悬赏1000000美元的数学问题　20.00元
基思·德夫林著　沈崇圣译

爱因斯坦恩怨史——德国科学的兴衰　26.50元
弗里茨·斯特恩著　方在庆等译

科学革命——批判性的综合　16.00元
史蒂文·夏平著　徐国强等译

早期希腊科学——从泰勒斯到亚里士多德　14.00元
G·E·R·劳埃德著　孙小淳译

整体性与隐缠序——卷展中的宇宙与意识　21.00元
戴维·玻姆著　洪定国等译

一种文化？——关于科学的对话　28.50元
杰伊·A·拉宾格尔等主编　张增一等译

寻求哲人石——炼金术文化史　44.50元
汉斯-魏尔纳·舒特著　李文潮等译

第三辑

哲人石——探寻金丹术的秘密　49.50元
彼得·马歇尔著　赵万里等译

旷世奇才——巴丁传　39.50元
莉莲·霍德森等著　文慧静等译

黄钟大吕——中国古代和十六世纪声学成就　19.00元
程贞一著　王翼勋译

精神病学史——从收容院到百忧解　47.00元
爱德华·肖特著　韩健平等译

认识方式——一种新的科学、技术和医学史　24.50元
约翰·V·皮克斯通著　陈朝勇译

爱因斯坦年谱　20.50元
艾丽斯·卡拉普赖斯编著　范岱年译

心灵的嵌齿轮——维恩图的故事　19.50元
A·W·F·爱德华兹著　吴俊译

工程学——无尽的前沿　34.00元
欧阳莹之著　李啸虎等译

古代世界的现代思考——透视希腊、中国的科学与文化　25.00元
G·E·R·劳埃德著　钮卫星译

天才的拓荒者——冯·诺伊曼传　32.00元
诺曼·麦克雷著　范秀华等译

素数之恋——黎曼和数学中最大的未解之谜 34.00元
约翰·德比希尔著 陈为蓬译
大流感——最致命瘟疫的史诗 49.80元
约翰·M·巴里著 钟扬等译
原子弹秘史——历史上最致命武器的孕育 88.00元
理查德·罗兹著 江向东等译
宇宙秘密——阿西莫夫谈科学 38.00元
艾萨克·阿西莫夫著 吴虹桥等译
谁动了爱因斯坦的大脑——巡视名人脑博物馆 33.00元
布赖恩·伯勒尔著 吴冰青等译
穿越歧路花园——司马贺传 35.00元
亨特·克劳瑟-海克著 黄军英等译
不羁的思绪——阿西莫夫谈世事 40.00元
艾萨克·阿西莫夫著 江向东等译
星光璀璨——美国中学生描摹大科学家 28.00元
利昂·莱德曼等编 涂泓等译 冯承天译校
解码宇宙——新信息科学看天地万物 26.00元
查尔斯·塞费著 隋竹梅译
阿尔法与奥米伽——寻找宇宙的始与终 24.00元
查尔斯·塞费著 隋竹梅译
盛装猿——人类的自然史 35.00元
汉娜·霍姆斯著 朱方译
大众科学指南——宇宙、生命与万物 25.00元
约翰·格里宾等著 戴吾三等译
传播，以思想的速度——爱因斯坦与引力波 29.00元
丹尼尔·肯尼菲克著 黄艳华译
超负荷的大脑——信息过载与工作记忆的极限 17.00元
托克尔·克林贝里著 周建国等译
谁得到了爱因斯坦的办公室——普林斯顿高等研究院的大师们 30.00元
埃德·里吉斯著 张大川译
瓶中的太阳——核聚变的怪异历史 28.00元
查尔斯·塞费著 隋竹梅译
生命的季节——生生不息背后的生物节律 26.00元
罗素·福斯特等著 严军等译
你错了，爱因斯坦先生！——牛顿、爱因斯坦、海森伯和费恩曼探讨量子力学的故事 19.00元
哈拉尔德·弗里奇著 S·L·格拉肖作序 邢志忠等译

第四辑

达尔文爱你——自然选择与世界的返魅 42.00 元
乔治·莱文著 熊姣等译

造就适者——DNA 和进化的有力证据 39.00 元
肖恩·卡罗尔著 杨佳蓉译 钟扬校

发现空气的人——普里斯特利传 26.00 元
史蒂文·约翰逊著 闫鲜宁译

饥饿的地球村——新食物短缺地缘政治学 22.00 元
莱斯特·R·布朗著 林自新等译

再探大爆炸——宇宙的生与死 50.00 元
约翰·格里宾著 卢炬甫译

希格斯——“上帝粒子”的发明与发现 38.00 元
吉姆·巴戈特著 邢志忠译

夏日的世界——恩赐的季节 40.00 元
贝恩德·海因里希著 朱方等译

量子、猫与罗曼史——薛定谔传 40.00 元
约翰·格里宾著 匡志强译

物质神话——挑战人类宇宙观的大发现 38.00 元
保罗·戴维斯等著 李泳译

软物质——构筑梦幻的材料 56.00 元
罗伯托·皮亚扎著 田珂珂等译

物理学巨匠——从伽利略到汤川秀树 61.00 元
约安·詹姆斯著 戴吾三等译

从阿基米德到霍金——科学定律及其背后的伟大智者 87.00 元
克利福德·A·皮克奥弗著 何玉静等译

致命伴侣——在细菌的世界里求生 41.00 元
杰西卡·斯奈德·萨克斯著 刘学礼等译

生物学巨匠——从雷到汉密尔顿 37.00 元
约安·詹姆斯著 张钫译

科学简史——从文艺复兴到星际探索 90.00 元
约翰·格里宾著 陈志辉等译

目睹创世——欧洲核子研究中心及大型强子对撞机史话 42.00 元
阿米尔·D·阿克塞尔著 乔从丰等译

我的美丽基因组——探索我们和我们基因的未来 48.00 元
隆娜·弗兰克著 黄韵之等译 李辉校 杨焕明作序

冬日的世界——动物的生存智慧 52.00 元

贝恩德·海因里希著　赵欣蓓等译

中微子猎手——如何追寻“鬼魅粒子” 32.00 元

雷·贾亚瓦哈纳著　李学潜等译　王贻芳等作序

数学巨匠——从欧拉到冯·诺伊曼 68.00 元

约安·詹姆斯著　潘澍原　林开亮等译

波行天下——从神经脉冲到登月计划 48.00 元

加文·普雷托尔-平尼著　张大川等译

放射性秘史——从新发现到新科学 37.00 元

玛乔丽·C·马利著　乔从丰等译

爱因斯坦在路上——科学偶像的旅行日记 45.00 元

约瑟夫·艾辛格著　杨建邺译

古怪的科学——如何解释幽灵、巫术、UFO 和其他超自然现象 60.00 元

迈克尔·怀特著　高天羽译

她们开启了核时代——不该被遗忘的伊雷娜·居里和莉泽·迈特纳 30.00 元

威妮弗雷德·康克林著　王尔山译

创世 138 亿年——宇宙的年龄与万物之理 38.00 元

约翰·格里宾著　林清译